Abdulazeem Alkhidir
Khalid O Abosalif Mohammed Elfatih O
Khalid Mohamed Khalid Elhussain

Helicobacter pylori : Método de cultura rápida

Abdulazeem Alkhidir
Khalid O Abosalif Mohammed Elfatih O
Khalid Mohamed Khalid Elhussain

Helicobacter pylori : Método de cultura rápida

e O efeito antibacteriano da Moringa e do Gengibre contra H.pylori

ScienciaScripts

Imprint

Any brand names and product names mentioned in this book are subject to trademark, brand or patent protection and are trademarks or registered trademarks of their respective holders. The use of brand names, product names, common names, trade names, product descriptions etc. even without a particular marking in this work is in no way to be construed to mean that such names may be regarded as unrestricted in respect of trademark and brand protection legislation and could thus be used by anyone.

Cover image: www.ingimage.com

This book is a translation from the original published under ISBN 978-620-2-00303-2.

Publisher:
Sciencia Scripts
is a trademark of
Dodo Books Indian Ocean Ltd. and OmniScriptum S.R.L publishing group

120 High Road, East Finchley, London, N2 9ED, United Kingdom
Str. Armeneasca 28/1, office 1, Chisinau MD-2012, Republic of Moldova, Europe
Printed at: see last page
ISBN: 978-620-7-74190-8

Índice:

Helicobacter pylori :
Método de cultura rápida e efeito antibacteriano de Moringa e Gengibre contra H.pylori

Abdulazeem Abdulsalam Ibrahim
Alkhidir Khalid Mohammed Khalid
Mohammed Elfateh Ornasir Khalid
Omer Abosalif Malak Ahmed yousif
Eiman Edress Hassan Amna Seleman
Jylani Reham Basher Belal

Capítulo 1
Antecedentes

Introdução:

As Helicobacter são bactérias gram-negativas não formadoras de esporos. A morfologia celular pode ser curva, espiralada ou fusiforme, tipicamente com 0,2 a 1,2 ^m de diâmetro e 1,5 a 10,0 ^m de comprimento. O comprimento de onda da espiral pode variar com a idade, as condições de crescimento e a identidade da espécie das células. Em culturas antigas ou expostas ao ar, as células podem tornar-se cocóides. Foram observadas fibras periplasmáticas ou um glicocálix denso em electrões ou uma camada semelhante a uma cápsula na superfície celular de várias espécies [1] . Foram observados corpos granulares densos em electrões em *H.*pylori [2] e *H.*rodentium [3]. Em *H.pylori,* estes corpos são conhecidos por serem agregados de polifosfato e podem servir como uma fonte de energia de reserva.

As células de Helicobacter são móveis, com um movimento rápido tipo saca-rolhas ou mais lento tipo onda devido à atividade flagelar. As estirpes da maioria das espécies têm feixes de múltiplos flagelos revestidos com uma distribuição polar ou bipolar. Outras espécies têm apenas um único flagelo polar ou bipolar. No entanto, a flagelação também pode ser peritríquia (*H.mustelae*) ou não embainhada (*H.pullorum, H.rodentium* e "*H.mesocricetorum*").

O H. pylori é uma bactéria comummente colonizada no trato gastrointestinal superior (GI), especialmente no estômago. Estima-se que 50% da população mundial esteja infetada com *H.pylori* devido à sua natureza altamente contagiosa. [4]

O Género Helicobacter

Quando um novo organismo *semelhante a Campylobacter* (CLO) de crescimento lento foi cultivado por Marshall em 1982, foi classificado como *Campylobacter pyloridis* e pouco depois corrigido para *C.pylori.*(5) Foram descobertos novos CLO intestinais ao mesmo tempo, e *o C.pylori* foi por vezes referido como CLO gástrico (GCLO) e GCLO-1 quando outro CLO (GCLO-2, *C. jejuni* subsp. doylei) foi isolado do estômago humano (78, 152). Rapidamente se tornou claro que, embora *o C.pylori* se assemelhe ao *Campylobacter* em muitos aspectos, difere em características importantes, como a morfologia do flagelo, o teor de ácidos gordos e a sequência de 16S rRNA (5). *O C.pylori* foi transferido para um novo género, *Helicobacter*, e designado *Helicobacter pylori* em 1989, juntamente com *Campylobacter fennelliae* e *Campylobacter* cinaedae [5].

Durante a última década, o género *Helicobacter expandiu-se* tremendamente e são regularmente incluídas novas espécies. A maioria destas novas espécies de *Helicobacter* encontra-se nos estômagos e intestinos de diferentes animais [5]

O primeiro relato bem conhecido de helicobacter gástrico foi feito por Bizzozero em Turim, em 1893[6]. Bizzozero era um anatomista bem conhecido, famoso já pela sua prova de que todas as células em divisão necessitavam de núcleos celulares[7]. Nas suas observações anatómicas da mucosa gástrica de cães, Bizzozero relatou "espiroquetas" que habitavam as glândulas gástricas e até os canalículos das células parietais. Em ilustrações a cores desenhadas à mão, Bizzozero mostrou organismos gram-negativos com cerca de 10 comprimentos de onda nas células parietais e nas glândulas gástricas, organismos esses que atualmente conhecemos como *Helicobacter canis*, *Helicobacter felis* e/ou *Helicobacter heilmannii* . O trabalho de Bizzozero foi ampliado por Salomon, que conseguiu propagar estes organismos em espiral no estômago de ratos depois de alimentar a sua colónia de ratos com mucosa gástrica triturada de gatos e cães[7]. O trabalho de Salomon foi um precursor dos estudos actuais, em que o ratinho *infetado com H.felis* é um modelo importante em estudos de vacinas e terapêuticas de erradicação da Helicobacter [7].

No século XX, anatomistas e patologistas observaram organismos espiralados na mucosa humana de tempos a tempos, inicialmente adjacentes a carcinomas[6]. Os organismos foram observados na mucosa gástrica de macacos por Doenges nos Estados Unidos e em amostras gástricas ressecadas por Freedberg e Baron em 1940.[6]Freedberg e Baron encontraram "espiroquetas" em cerca de 40% dos espécimes ressecados. Em retrospetiva, a população dos Estados Unidos estava provavelmente mais de 40% infetada com *Helicobacter pylori* nessa altura, mas como os doentes submetidos a cirurgia gástrica tinham perturbações tão graves da sua fisiologia, as helicobactérias, como a *H.pylori,* podem ter regredido ou desaparecido, como se crê que acontece atualmente nos casos de carcinoma gástrico tardio. No entanto, Freedberg e Baron apresentaram as suas descobertas em 1940 e geraram uma discussão vigorosa, na qual alguns membros da audiência, habituados a tratar a sífilis com metais pesados como o mercúrio, o arsénico e o bismuto, comentaram casos anedóticos de remissão completa da úlcera péptica durante o tratamento das espiroquetas da sífilis[7].

Doenges e Freedberg foram contestados no início da década de 1950 por Palmer, que não encontrou provas de espiroquetas em mais de 1000 biopsias gástricas efectuadas com um instrumento de biopsia por sucção cega. Até hoje, ninguém sabe como foi possível chegar a uma conclusão tão incorrecta numa altura em que mais de 50% da população era obrigatoriamente positiva para *H.pylori*. Podemos apenas supor que não foram efectuadas as colorações apropriadas ou que os investigadores estavam à procura de algo diferente do *H.pylori* e não consideraram a presença de organismos prolíficos negros e prateados[7].

Nas décadas de 1950 e 1960, Susumu Ito, da Harvard Medical School, fez algumas das primeiras descrições anatómicas detalhadas da aparência da mucosa gástrica ao microscópio eletrónico. As fotografias e os desenhos de Ito da estrutura da célula parietal e das glândulas secretoras de ácido do corpo gástrico são bem conhecidos e foram copiados em muitos textos médicos. No entanto, também observou "spirilli" em alguns dos seus materiais. Em 1967, publicou uma excelente fotografia de um destes organismos, mostrando um *H.pylori* muito aumentado no interior de uma glândula de células parietais, com vários flagelos embainhados e uma morfologia espiralada típica. Nos anos seguintes, Lockard e Bolar voltaram a encontrar estes organismos no estômago de gatos e cães e publicaram também micrografias electrónicas dos mesmos[7]. Em meados da década de 1970, as bactérias espiraladas foram objeto de um trabalho de Steer e Colin-Jones, cuja investigação ocorreu no limiar entre as antigas e as novas terapias para a úlcera péptica, isto é, carbenoxolona ou bismuto versus o novo medicamento, cimetidina. Steer e Colin-Jones estudaram a presença de bactérias e a inflamação durante a cicatrização da úlcera gástrica com carbenoxolona. Verificaram que o fármaco curava as úlceras mas não tinha qualquer efeito importante na histologia, porque a inflamação era igualmente grave após a cicatrização da úlcera. Observaram que em 80% das amostras de úlceras gástricas estavam presentes numerosas bactérias espirais. Infelizmente, não conseguiram cultivar o organismo ou, pelo menos, só cultivaram pseudomonas. Passaram-se vários anos até que as técnicas de isolamento de campylobacter microaerófilas fossem bem conhecidas, pelo que o seu erro é compreensível. No entanto, publicaram excelentes fotografias da histologia da mucosa gástrica, incluindo *o H.pylori* na camada mucosa e mesmo fagocitado pelos neutrófilos. Seguiram-se outros artigos e algumas das melhores ilustrações do *H.pylori* na mucosa duodenal nos limites da úlcera apareceram posteriormente numa publicação em *Gut,* cerca de um ano após a cultura australiana e a redescoberta do organismo [8].

As observações de Warren e Marshall entre 1979 e 1984 permitiram a estes e a outros investigadores unir os vários fios que tinham sido construídos na literatura médica nos 100 anos anteriores. Warren tinha observado doentes com organismos espiralados na mucosa gástrica desde 1979 e tinha documentado a inflamação associada às bactérias na altura em que ele e Marshall começaram uma tentativa concertada de estudar os organismos em doentes com vários sintomas gastrointestinais superiores. A partir de agosto de 1981, a equipa estudou os doentes que foram submetidos a endoscopia e conseguiu demonstrar as bactérias gram-negativas nas colorações de Gram, mas não as conseguiu cultivar nessa altura. Tentaram tratar um doente com tetraciclina e conseguiram observar uma diminuição do número de neutrófilos na mucosa gástrica, bem como o aparente desaparecimento das bactérias.

Reconheceram, no entanto, que a evidência anedótica do papel da bactéria na inflamação gástrica era de pouco valor e, por isso, iniciaram um estudo em 100 pacientes endoscópicos consecutivos para tentar cultivar a bactéria, bem como determinar a sua associação com gastrite e/ou outras síndromes clínicas. Inicialmente, não se concentraram especificamente na etiologia da úlcera péptica, embora soubessem que a gastrite estava fortemente associada a úlceras duodenais e gástricas, bem como ao cancro gástrico[9]. Assim, no início de 1982, Marshall e Warren iniciaram um estudo em que os doentes que se apresentavam para endoscopia eram biopsiados, depois de assinarem o consentimento apropriado e de preencherem um questionário sobre higiene dentária, hábitos alimentares, uso de anti-inflamatórios não esteróides e antiácidos, etc.Foram efectuadas apenas duas biópsias do antro: uma para cultura, utilizando várias técnicas, mas sobretudo incubação microaeróbia semelhante à utilizada para o campylobacter; a segunda biópsia foi enviada para exame histológico pelo Dr. Warren, utilizando as colorações de hematoxilina e eosina e de prata de Warthin-Starry. O organismo só foi cultivado aquando da biopsia do doente 35. Este acontecimento deveu-se a um acidente feliz, em que as culturas foram deixadas na incubadora durante o fim de semana prolongado da Páscoa e, por conseguinte, as placas só foram examinadas no quarto ou quinto dia após a biopsia. Quando as colónias transparentes de 1 mm, pulverizadas com água, foram observadas, o tecnólogo apercebeu-se, em retrospetiva, de que, antes desse dia, as biópsias de investigação tinham sido descartadas após 48 horas, altura em que se esperava que as amostras gastrointestinais ou de garganta normais estivessem cobertas de flora comensal e, por conseguinte, fossem inúteis para qualquer outro fim de diagnóstico. No entanto, esta regra não se aplicava às culturas de *H.pylori,* porque eram provenientes de amostras de biopsia gástrica limpas e, na maioria dos casos, havia poucos comensais da garganta nas placas de ágar sangue não seletivo. Após essa altura, *o H.pylori* podia ser cultivado utilizando técnicas microaeróbias em placas de sangue ou de ágar com relativa facilidade na Austrália. O organismo foi cultivado pela primeira vez fora da Austrália em setembro de 1983 por McNulty e Skirrow a partir de um doente com úlcera gástrica em Worchester, Inglaterra [10].

Nos 100 pacientes iniciais estudados por Marshall e Warren, mais de 65% dos pacientes estavam infectados com o organismo, e quase todos eles tinham gastrite ($P < 0,000001$). De particular interesse para os investigadores, no entanto, foi o facto de todos os 13 doentes com úlcera duodenal nesse estudo estarem infectados com o organismo, e 18 dos 22 doentes com úlcera gástrica também tinham o organismo. Os doentes com úlcera sem *H.pylori* tendiam a tomar medicamentos anti-inflamatórios não esteróides. Esta descoberta acelerou o interesse dos gastroenterologistas pelo organismo, e os resultados foram confirmados em vários países no espaço de cerca de um ano [11].

Capítulo 2

Morfologia da *Helicobacter pylori*

Helicobacter pylori, um agente patogénico humano dominante, é agora reconhecido como o primeiro membro de um género ultra-estruturalmente diverso. A forma morfológica predominante deste género é curvada a espiralada; no entanto, alguns membros têm uma forma de bastonete curto ou cónico. Todas as helicobactérias são móveis por meio de flagelos. Pensa-se que estas características básicas de morfologia e motilidade são vantajosas para estes organismos devido à sua localização na camada mucosa do trato gastrointestinal dos seres humanos e de uma variedade de animais. Este capítulo concentrar-se-á nas características ultra-estruturais da *H.pylori*, com descrições limitadas de algumas das características mais invulgares observadas nos outros membros deste género. Certos aspectos dos detalhes ultra-estruturais das helicobactérias, por exemplo, flagelos revestidos e urease de superfície, foram implicados na sua capacidade de sobreviver em ambientes hostis, como a mucosa gástrica ácida, e na sua capacidade de induzir doenças.

Morfologia básica

Helicobacter pylori in vivo e em condições óptimas in vitro é uma bactéria em forma de S com 1 a 3 voltas, 0,5 *5 gm de comprimento, com um tufo de 5 a 7 flagelos polares revestidos[12].

Esta morfologia foi correlacionada com a motilidade máxima in vitro[13]. A maioria das helicobactérias possui esta morfologia básica em forma de S com flagelos polares e revestidos, embora se observem variações no tamanho e no número de espirais/voltas (Fig. 1).

No entanto, outras formas variantes são observadas em várias outras espécies [12]*Helicobacter mustelae* é um bastonete curto com flagelos laterais e polares, enquanto *Helicobacter felis*, *Helicobacter bizzozeronii*, *Helicobacter suis* e "*Helicobacter heilmannii*" têm uma morfologia helicoidal apertada e uma motilidade caraterística em saca-rolhas (Fig. 1). *Helicobacter bilis*, *Helicobacter trogontum* e "*Helicobacter rappini*" têm uma forma fusiforme, ou seja, uma haste com extremidades afiladas. As fibras periplasmáticas, que são claramente distintas dos flagelos, foram observadas em *H.felis*, *Helicobacter muridarum*, *H.bilis*, *H.trogontum* e "*H.rappini*" (Fig. 1).

Organização interna

Secções finas de *H.pylori* revelam o detalhe típico da parede celular de uma bactéria gram-negativa que consiste em membranas externa e interna, ou plasma, separadas pelo periplasma de aproximadamente 30 nm de espessura. O citoplasma denso contém material nucleoide e ribossomas. A análise do peptidoglicano da *H.pylori* revelou que tinha uma composição muropeptídica única, sendo estruturalmente menos complexo do que o observado noutras bactérias gramnegativas[15]. Na maioria das espécies de Helicobacter examinadas, uma área electron-lucente está localizada nas regiões terminais[12]. Associada a esta região e localizada perto do local de inserção do flagelo está uma "membrana polar". Trata-se de uma banda adicional com densidade eletrónica de 6 a 8 nm de espessura, localizada 20 nm abaixo da membrana plasmática, mas ligada a esta. Características semelhantes foram descritas em vários outros géneros, incluindo *Spirillum* e *Campylobacter*.[12]Brock e Murray mostraram que a membrana polar é um conjunto de moléculas ATPase provavelmente localizadas neste sítio para gerar energia para a motilidade ou para a síntese da parede celular[12]. Em vez disso, O'Rourke et al. identificaram uma grande área com densidade eletrónica de 80 *100 nm adjacente ou abaixo do ponto de inserção do flagelo e propuseram que esta pode desempenhar uma função semelhante à da membrana polar observada nas outras helicobactérias [12].

Foram observados grânulos intracelulares numa série de helicobactérias gástricas, incluindo bactérias do tipo "*H.heilmannii*" e *H.felis*. No entanto, Bode et al. descreveram-nos pela primeira vez em pormenor em *H.pylori* e confirmaram a sua identidade como grânulos de polifosfato[2]. A espetroscopia de perda de energia eletrónica (EELS) identificou um sinal de fósforo proeminente em três locais diferentes: o citoplasma, o pólo do flagelo e associado à membrana celular. Os grânulos (sinal) localizados no citoplasma eram os maiores, com um tamanho de 0,05 a 0,2 polegadas, amorfos e semelhantes a vacúolos, e geralmente considerados como uma fonte de energia e um reservatório de fósforo. As localizadas perto do pólo do flagelo eram mais pequenas, com 0,02 in de tamanho, mais compactas e heterogéneas, e possivelmente forneciam a energia necessária para a motilidade das células. Foi necessária uma coloração específica com sais de chumbo para detetar os pequenos grânulos, >0,01 iim de tamanho, associados à membrana celular que foram implicados na manutenção da membrana citoplasmática.

Recentemente, estudos sobre a ferritina em *H.pylori* mostraram que, numa estirpe de tipo selvagem cultivada num ambiente rico em ferro, podiam ser detectados agregados citoplasmáticos contendo ferro. Não foram observadas tais estruturas num mutante que não possuía o gene *prf* que codifica a ferritina [16]. Foram identificadas duas formas de agregados: agregados grandes (0,05 a 2 im), amorfos, semelhantes a vacúolos, contendo ferro, fósforo, oxigénio e carbono e uma forma mais pequena, semelhante a um grânulo (0,02 a 0,1 im), que continha ferro, oxigénio e carbono. Foi proposto que a ferritina era um componente importante do citoplasma que continha ferro e que podia ser utilizado pela bactéria, se necessário, para permitir a sobrevivência em condições ambientais adversas.

Superfície celular

Urease, análogo de GroEL e outras proteínas da membrana externa

Os primeiros estudos efectuados por Jones et al. mostraram que, após o tratamento com sarcosinato, podiam ser observadas pequenas estruturas em forma de "donut", com 12 nm de diâmetro e um orifício central de 4 nm de coloração escura.[12]Posteriormente, foi demonstrado, a partir de estudos in situ e de procedimentos de purificação de proteínas, que estas estruturas representavam a urease localizada na superfície celular, com provas de desprendimento desta enzima da superfície celular [12].

Também foram observados em _H._ mustelae [12]. O exame destes "donuts" por coloração negativa e sombreamento mostrou que se tratava de estruturas macromoleculares que se empilhavam aos pares, que voltavam a empilhar-se para formar agregados de quatro [17].

Foi também descrita uma segunda proteína, identificada como um homólogo de GroEL (Hp60K). É muito semelhante em tamanho à urease e apresenta-se como uma estrutura semelhante a um disco de 13 nm com uma simetria rotacional de sete vezes, em comparação com uma simetria de três vezes observada em algumas partículas de urease. Os discos Hp60K também formaram pilhas regulares de quatro discos.[18]Excluindo a flagelina, a urease e o GroEL das suas preparações, Doig e Trust conseguiram descrever oito outros antigénios da membrana externa da _H. pylori_, seis dos quais se mostraram expostos à superfície. Dois dos antigénios foram identificados como lipopolissacáridos (LPS) que reagiram com a membrana exterior e a bainha do flagelo e que se verificou variarem em termos de especificidade antigénica, dependendo da estirpe de _H.pylori_ examinada. Três dos restantes antigénios foram considerados proteínas de porina, não tendo sido atribuída qualquer função determinável às restantes três proteínas [19].

Formas Cocóides

À semelhança de muitas outras bactérias em forma de espiral, os membros do género _Helicobacter_ "enrolam-se" e formam células cocóides à medida que envelhecem. Após 3 a 4 dias de cultura bacteriana, as células cocóides dominam, o que está associado a uma diminuição drástica da capacidade de cultura, determinada pela contagem de UFC. Existe controvérsia quanto ao facto de estas células serem viáveis, não viáveis mas dormentes, ou simplesmente mortas. Têm sido implicadas como possíveis reservatórios de bactérias expostas a condições ambientais adversas e envolvidas na transmissão da infeção ou como células in vivo responsáveis por falhas no tratamento. As alterações ultra-estruturais que ocorrem à medida que _a H.pylori_ envelhece em cultura in vitro foram bem descritas e demonstraram ser independentes do método utilizado para induzir a formação de cocóides [12]. Inicialmente, verifica-se um crescimento no periplasma de um dos lados do organismo, com uma acumulação de material denso que resulta na formação de células em forma de "U". Estas formas em "U" convertem-se depois na forma cocóide, com aumento do cilindro protoplasmático e manutenção do sistema de dupla membrana. A análise do peptidoglicano durante esta conversão mostrou modificações dramáticas semelhantes às observadas em espécies de *Bacillus* durante a esporulação; no entanto, os autores associaram estas alterações à fase de crescimento e não a alterações morfológicas [15].

As provas que apoiam o conceito de que as formas cocóides são degeneradas e não são capazes de crescer provêm de uma série de estudos que mostram que, à medida que as células envelhecem, os níveis de ADN e ARN e a expressão de ARNm diminuem com a degradação dos ácidos nucleicos, a fragmentação não aleatória do ARN ribossómico e a ausência de provas de um potencial de membrana necessário para processos como a fosforilação oxidativa. [12]Os perfis proteicos das formas cocóides mudaram em relação ao original e foram associados ao processamento e degradação de proteínas e não à síntese de novas proteínas [20]. No entanto, existem provas contraditórias que apoiam o conceito de um estado viável mas dormente, tal como indicado pela manutenção da integridade celular e da síntese de ADN em culturas com 3 meses de idade. Elementos densos em electrões, identificados por EELS como contendo fósforo, indicam que o metabolismo pode ser mantido na presença dos polifosfatos detectados nas células cocóides [21]. Foi demonstrado que proteínas como CagA e UreC diminuem ao longo do tempo, enquanto outras, por exemplo, 26-kDa e 16S rRNA, não mostram qualquer diminuição num período de 21 dias [22]. A respiração celular também diminuiu ao longo do tempo, mas ainda pode ser detectada em 40% das células após 45 dias de cultura in vitro [23]. Foi observada uma redução na deteção de algumas proteínas de ligação à penicilina, mas não de todas, durante a formação de cocóides [23]. Também se verificou que os antigénios específicos das formas cocóides eram expressos in vivo [24]. Existem dados opostos relativamente à capacidade de as células cocóides infectarem um hospedeiro e induzirem patologia, sendo as células cocóides capazes de infetar ratos mas não leitões gnotobióticos[12]. O papel destas formas cocóides na patogénese e na transmissão da infeção necessita de ser clarificado, com a normalização de aspectos como os métodos utilizados para induzir a formação de cocóides, a determinação da viabilidade celular e a ressuscitação, bem como o período de tempo durante o qual as células foram expostas a condições desfavoráveis. É necessário demonstrar que as células comprovadamente não viáveis são capazes de reinfectar um hospedeiro e de ser cultivadas a partir do hospedeiro infetado antes de as formas cocóides poderem ser consideradas verdadeiramente uma forma dormente capaz de reinfectar. **Efeitos in vitro dos agentes antimicrobianos**

Foram descritos os efeitos de vários agentes diferentes na ultra-estrutura da *H. pylori*. Foi demonstrado que uma série de antibióticos p-lactâmicos induzem a formação de células esféricas com maior detalhe, mostrando a formação de "bolhas" na parede celular, vesículas membranosas livres ou estruturas tubulares e o desaparecimento parcial ou total da membrana celular externa.[12]Estas alterações morfológicas foram atribuídas à ligação de uma ou mais das proteínas de ligação à penicilina detectadas na *H. pylori* que resultam na inibição de enzimas envolvidas na síntese de peptidoglicano. A ação do único monolactâmico testado, o aztreonam, foi diferente, com este antibiótico a induzir a filamentação nas células *H.pylori*, o que foi atribuído ao facto de este antibiótico ter sido o único testado que se ligou preferencialmente a uma única proteína de ligação à penicilina que se pensa ser essencial para a morfologia helicoidal [23].

Os antibióticos macrólidos resultaram na limpeza das áreas centrais das células, o que foi associado à aglutinação de ribossomas e ao desenvolvimento deficiente da parede cruzada. Não foram observadas alterações estruturais óbvias na presença de metronidazol, ranitidina ou bismuto; no entanto, com este último, foi possível detetar complexos de bismuto em partículas sob a parede celular [12]. Posteriormente, foi demonstrado que o citrato de bismuto induzia a fragmentação e a lise das células, tal como o citrato de bismuto com ranitidina, resultando este último numa perturbação mais grave da estrutura intracelular.[25]O tratamento com o lansoprazol, um inibidor da bomba de protões, provocou o alongamento e a constrição das células e alterações da superfície celular.[26]Muitos postularam que estas alterações in vitro poderiam ser indicativas de alterações da *H.pylori* na mucosa gástrica humana durante o tratamento com antibióticos.

Aspectos ultra-estruturais do tecido infetado

A identificação e a caraterização das características ultra-estruturais do tecido infetado por *H.pylori* fornecem informações valiosas sobre a patogénese da infeção por *Helicobacter*. No entanto, a utilização destas características para avaliar os resultados clínicos da infeção é limitada. Este estudo resume as características ultra-estruturais que representam a interação dos factores de virulência da *H. pylori* com os mecanismos de defesa do hospedeiro[12].

H.pylori e a barreira da mucosa gástrica

No trato gastrointestinal superior, a barreira da mucosa gástrica representa a primeira linha de defesa contra factores agressivos. Normalmente, as bactérias ficam presas no muco e são excretadas nas fezes. No entanto, a expressão da urease e a motilidade permitem que *a H.pylori* sobreviva transitoriamente num ambiente ácido e colonize persistentemente a camada mucosa[12].

Muco gástrico

A H. pylori localiza-se normalmente na camada mucosa espessa, na proximidade imediata das células epiteliais gástricas [27]. Foi proposto um enfraquecimento da barreira mucosa pelo *H.pylori*, levando, em alguns casos, ao seu colapso, uma vez que o *H.pylori* possui um gene que é quase idêntico a um gene de mucinase do *Vibrio* cholerae. [12]Esta atividade da mucinase pode ser responsável pela dissolução da estrutura em forma de rede do muco e das áreas claras em forma de caverna de vários tamanhos que rodeiam a *H. pylori, tal* como observado in vivo com técnicas de microscopia eletrónica. [12]No entanto, estudos in vitro sugerem que a perda da estrutura do gel pode também resultar do elevado pH local gerado pela atividade da urease da *H. pylori* e não da atividade mucolítica [12]. Para além disso, *a H.pylori* pode inibir a resposta secretora das células mucosas in vitro, indicando um potencial efeito deletério na quantidade deste mecanismo de defesa primário da mucosa gástrica [28].

Hidrofobicidade astrica

Uma caraterística da mucosa gástrica que tem sido associada à sua propriedade de barreira é a hidrofobicidade. [12]Este surfactante é um componente essencial da barreira mucosa e deve-se a uma monocamada ou multicamada adsorvida de fosfolípidos tensioactivos segregados pelas células da mucosa gástrica (Fig. 2). [12]Esta propriedade de barreira não molhável foi documentada como estando presente em várias espécies animais através da utilização de métodos específicos de microscopia eletrónica [12].

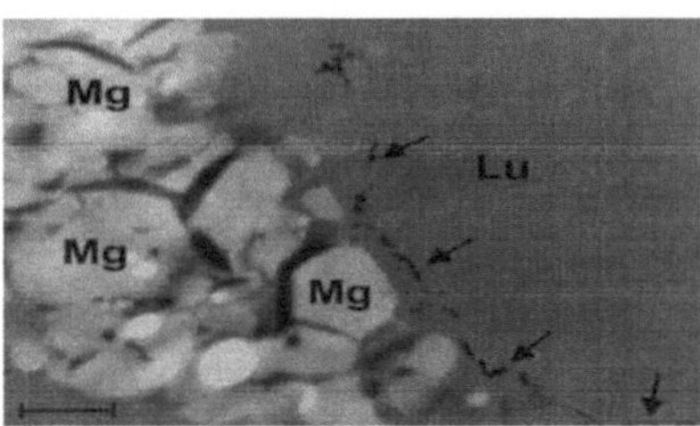

Figura 2 Surfactante gástrico da mucosa antral humana. Coloração específica com jodoplatinato das estruturas ricas em fosfolípidos. Secção ultrafina; a barra de marcação representa 0,5 pm. Mg, grânulos mucosos; Lu, lúmen.

Estudos ultra-estruturais, bem como medições do ângulo de contacto em humanos, indicam que _o H. pylori_ pode atuar como um agente agressivo ao destruir este surfactante gástrico e a sua propriedade hidrofóbica. [12]Com base em estudos animais em ratos, Lichtenberger et al. concluem que a infeção por _H. felis_ induz uma transformação precoce do estômago de um estado hidrofóbico para um estado hidrofílico sensível ao ácido que pode desencadear o desenvolvimento subsequente de gastrite [12]. Esta alteração _induzida pelo H. felis_ parece ser um evento precoce, ocorrendo durante as primeiras 2 semanas da infeção. Além disso, os resultados indicam que a redução observada na hidrofobicidade da superfície da mucosa e na concentração de fosfolípidos observada em indivíduos humanos infectados com _H.pylori_ também ocorre no ratinho _infetado com H. felis_. As enzimas que hidrolisam os fosfolípidos, gerando lisofosfatidilcolina ou diminuindo o número de moléculas de surfactante adsorvidas, são susceptíveis de comprometer esta camada. A presença de atividade da fosfolipase A2 (PLA2) e da fosfolipase C (PLC) foi demonstrada em estirpes de _H.pylori_ in vitro [12].

Consequências da adesão às células epiteliais

De um modo geral, a adesão às superfícies mucosas é importante para a virulência total de muitos agentes patogénicos bacterianos no hospedeiro humano. A ligação promove a libertação de toxinas bacterianas e precede frequentemente a penetração de células epiteliais alvo por organismos invasivos. _A H.pylori_ reconhece receptores específicos das células epiteliais e a adesão parece ser um processo ativo que inclui a transcrição de genes [29].

Pedestais

Foi demonstrado que a adesão da _H.pylori_ às células epiteliais gástricas resulta em microvilosidades atrofiadas e na formação de pedestais. Esta última está associada a um rearranjo do citoesqueleto por baixo da bactéria aderente e é designada por fixação e apagamento [29]. O termo fixação e apagamento descreve uma forma íntima de interação bacteriana com a membrana plasmática das células epiteliais resultante da destruição do citoesqueleto das microvilosidades. Além disso, a actina polimerizada sob regiões de ligação bacteriana acumula-se em pedestais de adesão na interface bactéria-hospedeiro [30]. Estes resultados são semelhantes aos descritos para a _Escherichia coli_ enteropatogénica (EPEC), e têm sido associados a genes codificados numa ilha de patogenicidade. [12]Além disso, tal como a EPEC, a ligação da _H.pylori_ às células epiteliais induz a fosforilação da tirosina de proteínas na célula hospedeira adjacentes ao local de adesão bacteriana. [29]. No entanto, as informações sobre as alterações morfológicas e os rearranjos do citoesqueleto induzidos pela bactéria são contraditórias. [12]São ainda necessários estudos ultra-estruturais cuidadosos sobre os efeitos da ligação da *H. pylori* às células epiteliais gástricas e os eventos subsequentes por ela desencadeados. Os resultados contraditórios podem dever-se às diferentes linhas celulares utilizadas nos estudos e, provavelmente, às diferenças entre os estudos in vitro e in vivo.

Devido aos dados contraditórios, parece importante descrever as características ultra-estruturais da infeção por *H.pylori* em modelos animais e comparar estes resultados com os dos seres humanos. Recentemente, foi demonstrado que a estirpe Sydney de *H.pylori induz* características ultra-estruturais surpreendentemente semelhantes num modelo padronizado de ratinho, ou seja, uma ligação estreita e a formação de estruturas equivalentes aos "pedestais de adesão" observados na infeção humana com *H*.pylori [31].

Estes pedestais de adesão também foram observados em furões, resultantes da ligação da helicobacter do furão, *H.mustelae*, à mucosa gástrica [12].

O desenvolvimento de locais de fixação especializados representa um aspeto importante da patogenicidade, e a sua presença e frequência devem estar relacionadas com o grau de gastrite. Parece provável que as toxinas libertadas pelas bactérias sejam responsáveis pelo dano celular e exerçam um efeito máximo quando concentradas em áreas como a membrana celular ou os espaços intercelulares [12].

Efeitos citotóxicos

As biópsias do epitélio gástrico humano *infetado com H*.pylori apresentam inchaço celular, vacuolação citoplasmática e expansão dos compartimentos endossómicos. No entanto, estas alterações são encontradas em menor grau in vivo do que em experiências in vitro utilizando linhas celulares. [12]Isto pode dever-se à interação mais intensa de factores de virulência isolados com culturas celulares in vitro, em comparação com a situação mais complexa in vivo, em que vários factores podem interagir.

Antigénio do gene associado à citotoxina (CagA)

Uma das proteínas mais intensamente estudadas da *H.pylori* tem sido a CagA, mas a sua função ainda não foi determinada. A proteína CagA pode ser transportada das bactérias aderentes para o citoplasma do hospedeiro por um sistema de secreção tipo IV específico da *H.pylori*, codificado pela ilha de patogenicidade cag (*cag* PAI), onde é fosforilada em resíduos de tirosina [32]. Pode então influenciar as vias de transdução de sinal eucarióticas e a plasticidade do citoesqueleto. [12]O PAI *cag* tem significado biológico e pode explicar a observação de que *a H.pylori* que produz CagA é mais interactiva com o hospedeiro do que as que não produzem. No entanto, estes efeitos não são visíveis a nível ultra-estrutural e não apresentam manifestações características.

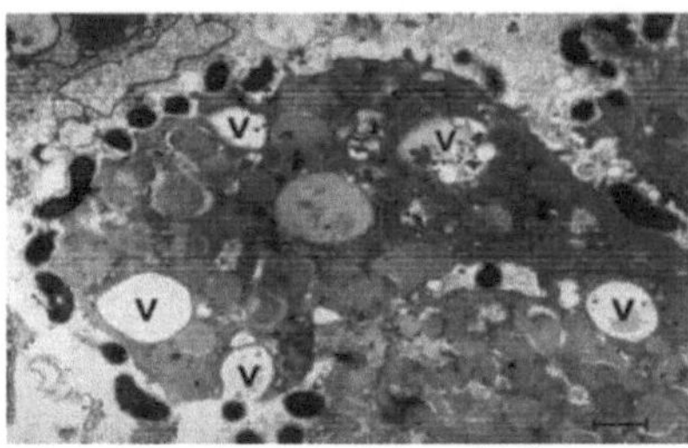
Figura 3 Vacúolos intra-citoplasmáticos (V) em células epiteliais gástricas induzidas in vivo por *H. pylori.*
Secção ultrafina. Barra, 0,5 pm.

Citoesqueleto

O citoesqueleto é constituído por microfilamentos, microtúbulos e filamentos intermédios, que têm propriedades contrácteis e participam em várias funções celulares. Sabe-se que várias toxinas bacterianas, como a toxina *botulínica do Clostridium* ou a toxina A do *Staphylococcus aureus*, causam alterações na arquitetura do citoesqueleto [12]As descobertas de Pai et al. sugerem que a citotoxina VacA da *H.pylori* perturba a arquitetura do citoesqueleto e as adesões focais, interferindo assim com as funções celulares dependentes do citoesqueleto e com a transmissão de sinais relacionados com a propagação e o crescimento celular [33]. Recentemente, foi demonstrado que VacA está fortemente envolvido na interação com filamentos intracelulares como a actina e também entre filamentos intermédios e compartimentos endossómicos tardios. [12]Rac, que pertence à família Rho GTPase, regula a atividade da citotoxina VacA no citoplasma, controlando assim a organização do citoesqueleto [34]. Para este processo, é necessária a ativação de genes e a síntese de novas proteínas As implicações biológicas destas descobertas são vastas. No entanto, as investigações morfológicas limitam-se a investigações de microscopia ligeira e não existem estudos ultra-estruturais.

Junções estreitas

Existem apenas duas vias pelas quais as moléculas podem atravessar o epitélio: a transcelular e a paracelular. As células epiteliais gástricas estão firmemente unidas umas às outras, formando uma barreira contínua que restringe seletivamente o movimento de substâncias entre os compartimentos externo e interno. A junção estanque parece ser a barreira limitadora que restringe o fluxo através da via paracelular. Qualquer perturbação ou modificação da arquitetura epitelial pode levar a uma diminuição da integridade desta função de barreira. [12]Ultra-estruturalmente, a junção estreita foi bem definida. Aparece em secção fina como uma série de contactos individuais entre as membranas plasmáticas de células epiteliais adjacentes. Estes pontos de contacto correspondem, em preparações de fratura por congelação, a uma rede variavelmente complexa de fibrilhas e filamentos que se encontram no plano da membrana plasmática. [12]Em contraste com o que se poderia esperar da análise de micrografias electrónicas que sugerem uma disposição mais estática, as junções de aperto intestinais são áreas altamente dinâmicas e a sua permeabilidade pode mudar em resposta a estímulos externos e intracelulares.

Foi demonstrado em estudos iniciais que *o H.pylori* está consistentemente associado a junções intercelulares in vivo, e propõe-se que tal se deva à presença de metabolitos preferenciais ou factores de crescimento. [12]Ohkusa et al. investigaram as junções intercelulares na mucosa gástrica humana de doentes com úlceras gástricas e descobriram uma descontinuidade e uma diminuição do número de cadeias de junções apertadas, e Noach et al. observaram que as bactérias eram frequentemente encontradas em torno de junções intercelulares com anomalias dos complexos de junções apertadas [12]. Além disso, Terres et al. demonstraram que a *H.pylori* perturba a função de barreira de um modelo de epitélio, produzindo um aumento rápido da permeabilidade das junções estanques e uma diminuição dramática da resistência eléctrica transepitelial (TER) [35]. As alterações da TER reflectem a variação da integridade das junções apertadas, tal como demonstrado por microscopia eletrónica [12].

Estudos in vitro levantam a possibilidade de o VacA estar envolvido no aumento seletivo da permeabilidade aos iões e às moléculas de baixa massa molecular (12). Foi observada uma diminuição do TER, mas tal não resultou necessariamente da rutura das junções intercelulares. Não foi observado qualquer sinal de citotoxicidade aguda ou de vacuolização intracelular. Por conseguinte, o aumento da passagem através da camada epitelial deve seguir uma via transcelular. Sugere-se que a adesão bacteriana às células epiteliais é necessária para induzir esta passagem transcelular. No entanto, as alterações observadas nas junções estanques in vivo podem dever-se principalmente à ação de mediadores da inflamação libertados por células inflamatórias na mucosa gástrica em resposta à colonização por *H.pylori*. Recentemente, especulou-se que a actina desempenha um papel na permeabilidade das junções estanques. [12]Várias toxinas bacterianas parecem afetar a barreira da junção através da rutura da actina e da distorção e acumulação de fibrilhas juncionais, tal como se observa nas imagens de fratura por congelação. No entanto, o papel desempenhado pelo VacA - se é que existe algum - neste processo ainda não é claro.

H. pylori intracelular

O H.pylori tem sido considerado um colonizador extracelular, mas existem dados que apoiam uma localização intracelular das bactérias in vivo e in vitro. [12]Enquanto em estudos histopatológicos a invasão dos tecidos pela *H. pylori* é raramente registada, com apenas pequenos números de bactérias ocasionalmente observados na lâmina própria, a *H. pylori* foi identificada no citoplasma das células epiteliais gástricas [12]. Além disso, foram encontrados antigénios de *H.pylori* na lâmina própria da mucosa gástrica. [12]Embora a *H. pylori* não seja normalmente considerada um microrganismo invasivo, estudos de microscopia eletrónica da mucosa gástrica infetada mostraram tanto bactérias viáveis intactas como formas degradadas nas células hospedeiras [12].

As bactérias foram encontradas nos vacúolos mucosos ou nos lisossomas das células epiteliais. Bode et al. descreveram a infiltração de células epiteliais gástricas por *H.pylori* em 10% dos seus doentes com ulceração duodenal ativa. [12]No entanto, a invasão foi observada apenas nas células metaplásicas da mucosa superficial do duodeno. A internalização do *H.pylori* pelas células epiteliais proporcionaria uma fonte pronta de antigénios *do H.pylori* e uma resposta imunitária sustentada.

Estas observações in vivo são consistentes com experiências in vitro utilizando culturas de células [12]. Evans et al. referem que *a H.pylori* pode entrar no citoplasma de células Hep-2 em cultura [36]. Concluiu-se que *a H.pylori* era internalizada por endocitose mediada por receptores ou por uma via estreitamente relacionada. Birkness et al. também conseguiram demonstrar *H.pylori* dentro de cavidades revestidas e *H.pylori* que parecia ter sido levado para dentro das células hospedeiras por endocitose [37] . Uma vez introduzido na célula, *o H.pylori* foi observado em vacúolos nas células epiteliais em cultura.

A relevância das observações acima referidas e o destino dos organismos intracelulares são ainda desconhecidos, embora um estudo tenha demonstrado uma correlação entre uma elevada densidade bacteriana de colonização, bactérias intracelulares e danos epiteliais graves. [12]Além disso, há observações de que *o H. mustelae* também se encontra no citoplasma das células epiteliais do furão. Estes dados sobre a internalização bacteriana estão também de acordo com a observação clínica de que os terapêuticos que utilizam antibióticos incapazes de penetrar nas células eucarióticas, como a amoxicilina, são menos eficazes na erradicação do *H.pylori*, apesar da elevada suscetibilidade in vitro do organismo [12]*O H.pylori* , *o H. felis* e o "*H. heilmannii*" também foram descritos em canalículos de células parietais inactivos e não secretores e no interior de células parietais [12]No entanto, a consequência fisiopatológica da interação das células parietais com o *H.pylori* não é conhecida, embora a bactéria liberte vários factores capazes de inibir as células parietais [38]. Para além disso, *a H.pylori* é fagocitada por fagócitos mononucleares e por granulócitos (Fig. 4). No entanto, as bactérias internalizadas não são mortas e as razões para este defeito na defesa do hospedeiro não são claras. [12]Estes dados apoiam a hipótese de que *a H.pylori* intracelular representa um reservatório de organismos que contribui para a persistência bacteriana, danos nos tecidos do hospedeiro e, provavelmente, para o insucesso do tratamento.

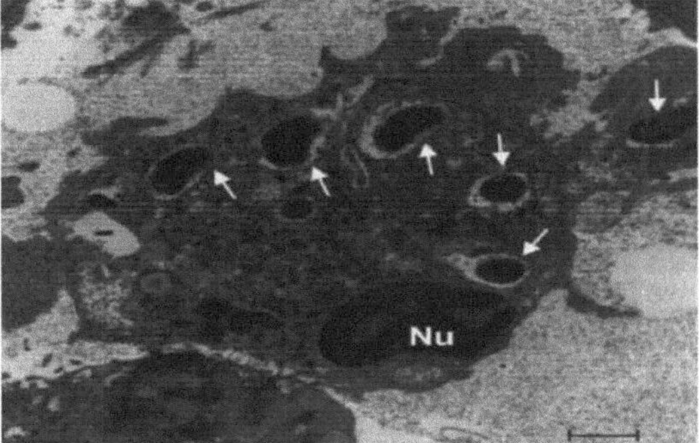

Figura 4: *H.pylori* no citoplasma de um granulócito neutrófilo. Secção ultrafina. Nu, núcleo, setas, *H.pylori*. Barra, 1 pm

Os componentes do envelope celular são os primeiros pontos de contacto entre os agentes patogénicos bacterianos e o hospedeiro. Muitas das propriedades distintivas da *Helicobacter pylori* estão relacionadas com os constituintes deste compartimento celular. Este capítulo analisa a composição física e bioquímica do invólucro celular da *H. pylori*, com referência, quando apropriado, às implicações microbiológicas e patogénicas.

Foi demonstrado que a célula *H.pylori* tem uma superfície global relativamente hidrofílica e carregada negativamente in vitro [39]. A composição da membrana externa é única no seu conteúdo proteico e na estrutura do lipopolissacárido [40]. No entanto, a organização física do invólucro celular é semelhante à de outras bactérias gram-negativas. Foi registada uma dificuldade na separação das membranas interna e externa [40]semelhante ao caso de *Campylobacter* sp. [40]Isto deve-se a extensas ligações entre as membranas, possivelmente facilitadas pelas numerosas lipoproteínas identificadas no genoma *da H.pylori* [41]. Foram, no entanto, estabelecidos procedimentos para separar fracções individuais de membranas e proteínas da membrana externa [40].

Peptidoglicano

O peptidoglicano da *H.pylori* difere substancialmente do da *Escherichia* coli [15] .

O peptidoglicano *da H.pylori* contém uma elevada proporção de muropeptídeos, com uma cadeia lateral pentapeptídica que termina em glicina e contém [40] -ácido *anidro-N-acetilmurâmico*. Não possui lipoproteínas ligadas à mureína, muropeptídeos triméricos e muropeptídeos (l-d) reticulados. Nas células cocóides, a ativação de uma endopeptidase (Y)-glutamil-diaminopimelato leva à conversão maciça de monómeros de tri- e tetrapeptídeos em monómeros de dipeptídeos [15]. Este facto também foi observado em *Bacillus* sphaericus esporulantes [40]. O genoma *da H.pylori* tem homólogos de todas as enzimas necessárias para a síntese citoplasmática dos precursores necessários para a montagem do peptidoglicano [40]. Após o transporte através da membrana citoplasmática, os precursores de peptidoglicano são incorporados na camada de peptidoglicano através das proteínas de ligação à penicilina (PBPs). Foi inicialmente sugerido que *a H.pylori* produz quatro PBPs [40]. A partir da sequência do genoma, deduziu-se que três delas têm homologia com PBPs conhecidas [41] e uma quarta (PBP 4; TIGRHP0160) não tem qualquer semelhança de sequência com qualquer PBP conhecida ou proteínas de outras bactérias. [40]No entanto, um estudo recente utilizando ampicilina marcada identificou oito PBPs [42] . Quando estes autores examinaram as PBPs putativas codificadas pela sequência do genoma em busca de motivos característicos, nenhuma possuía os três motivos encontrados nas PBPs convencionais, sugerindo que as PBPs do *H.pylori* são únicas [42].

Ácidos gordos e composição lipídica de *H. pylori*

O perfil invulgar dos ácidos gordos celulares do *H.pylori* foi um critério importante para a exclusão do organismo do género Campylobacter. [40]As composições de ácidos gordos de quatro estirpes de *H.pylori* foram analisadas por cromatografia gás-líquido [43] . Os ácidos gordos identificados foram o ácido mirístico ($C14_{:0}$), o ácido palmítico ($C16_{:0}$), o ácido esteárico ($C18_{:0}$), o ácido oleico ($Ci8_{:i}$), o ácido linoleico ($C_{18:2}$), o ácido gordo ciclopropano de 19 carbonos ($C_{19:0}$ cyc), o ácido 0-hidroxi-palmítico ($3\text{-OH-}C_{16:0}$) e o ácido 0-hidroxiesteárico ($3\text{-OH-}C_{18:0}$). Os ácidos gordos celulares mais abundantes foram o ácido mirístico (3i a 45%) e o ácido gordo ciclopropano de i9 carbonos (20 a 24%). Todos os outros ácidos gordos foram encontrados em quantidades iguais ou inferiores a i2% do total de ácidos gordos celulares. O ácido mirístico (4i a 55%) e o ácido gordo de ciclopropano de i9-carbono (22 a 30%) foram os principais ácidos gordos fosfolípidos detectados, enquanto os ácidos gordos 0-hidroxi e os ácidos gordos insaturados não foram detectados ou estavam presentes em quantidades muito pequenas.

O teor total de lípidos da *H.pylori* (em peso) é de 6% de lípidos neutros, 20,6% de glicolípidos e 73,4% de fosfolípidos [44]. Os principais fosfolípidos são a fosfatidiletanolamina, cardiolipina e fosfatidilglicerol. A fosfatidilserina foi detectada como um fosfolípido menor. Foram também descritos três tipos de glucósidos de colesterol que representam cerca de 25% (wt/wt) do total de lípidos [44]. Os glucósidos de colesterol são muito raros em animais e bactérias, mas foram encontrados em três das cinco espécies de *Helicobacter* examinadas [40]. Assim, a presença de glucósidos de colesterol é uma caraterística única da membrana de *Helicobacter* sp.

Lipopolissacárido

Um componente-chave da membrana externa da *H.pylori* é o lipopolissacárido (LPS). Os isolados clínicos frescos de *H.pylori* produzem LPS de forma lisa de alto peso molecular (S-LPS), que consiste numa cadeia lateral O, um oligossacárido central e o lípido A. No entanto, as estirpes de *H.pylori* que foram repetidamente subcultivadas em meios sólidos produzem LPS de forma rugosa de baixo peso molecular (R-LPS) que não tem a cadeia lateral O. As estirpes que produzem S-LPS podem reverter e produzir R-LPS quando são cultivadas em meios líquidos[45].

Uma análise da composição do R-LPS de H.pylori isolado de três estirpes diferentes de colecções de culturas de *H.pylori* revelou que o oligossacárido central contém fucose, d-manose, d-glucose, d-galactose, d-glicero-d-manno-heptose, l-glicero-d-manno-heptose e ácido 3-desoxi-d-manno-2-octulosónico [46] . A razão molar das hexoses variava entre as diferentes estirpes, reflectindo diferenças estruturais. Um estudo mais recente, no entanto, não encontrou a manose como um constituinte [47].

Lípido A

O componente lipídico A do LPS da *H.pylori* é invulgar, na medida em que tem actividades mitogénicas e pirogénicas reduzidas e baixa toxicidade letal em comparação com o lipídio A de outras enterobactérias [48] . A estrutura química do componente lipídico A do R-LPS e do S-LPS da *H.pylori* foi elucidada [46]. A espinha dorsal hidrofílica das moléculas era constituída por um dissacárido 1-fosfato de d-glucosamina (GlcN) ligado a p-(1,6). No S-LPS, o grupo hidroxilo na posição 4 foi parcialmente substituído por um grupo fosfato. É provável que os padrões distintos de fosforilação e acilação no lípido A da *H.pylori* se combinem para produzir uma baixa atividade biológica.

A caraterística mais marcante do antigénio O é a presença de cadeias estendidas com unidades de *N-acetilactosamina* fucosiladas e não fucosiladas. Foi demonstrado que as unidades de repetição das cadeias laterais O do LPS das estirpes de *H.pylori* imitam os antigénios do grupo sanguíneo Lewis do tipo 2 (Le^x e Le^y) em termos de estrutura [49]. Estudos serológicos e estruturais exaustivos demonstraram recentemente que as estirpes de *H.pylori* também podem ser portadoras de determinantes do grupo sanguíneo do tipo 1, nomeadamente Lea, H-1 (Led) e o precursor da cadeia do tipo 1 Le^c [50]. Muitas a-2-fucosiltransferases estão envolvidas na adição de fucose para criar os antigénios dos grupos sanguíneos A, B, H e Lewis. Estes incluem os produtos dos genes H, Se, A, B, X e Le. No caso dos antigénios Le^a e Le^b , o Le^a é criado por fucosilação do precursor do tipo 1 pelo produto do gene Le, enquanto o Le^b é criado pela fucosilação do precursor do tipo 1 para formar o antigénio H tipo 1, seguido de fucosilação pelo produto do gene Le para dar o antigénio Le^b .

É utilizada uma via semelhante na biossíntese dos antigénios do grupo sanguíneo Le^x e Le^y , exceto que ambos são formados a partir do precursor do tipo 2. O precursor do tipo 2 é fucosilado pelo produto dos genes Le ou X, formando o Le^x , ou o precursor é fucosilado pelo produto do gene Se ou H para formar o antigénio H do tipo 2 e depois fucosilado pelo produto do gene Le ou X para formar o Le^y . Assim, a via é composta por várias enzimas que competem pelo mesmo substrato (Fig. 5). *A H.pylori* pode utilizar enzimas semelhantes para sintetizar os antigénios de Lewis. O genoma da estirpe 26695 de *H.pylori* contém duas cópias de uma a1,3-fucosiltransferase[41, 51]. Recentemente, uma a1,2-fucosiltransferase [52] e uma 01,4-galactosiltransferase[53]foram também descritas.

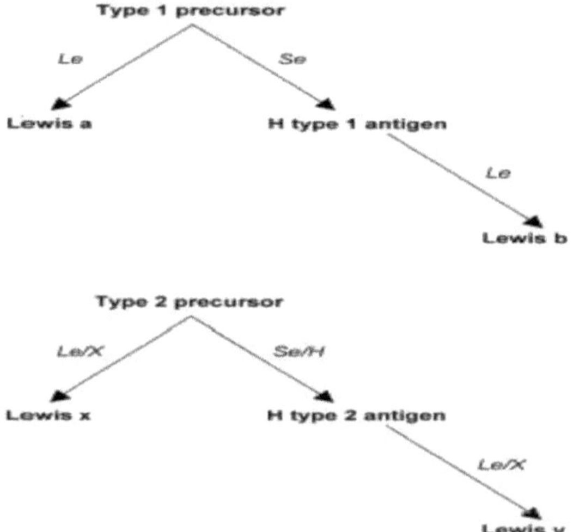

Figura 5: A biossíntese dos antigénios do grupo sanguíneo de Lewis. Em itálico: as transferases envolvidas em cada etapa da biossíntese. Em negrito: os antigénios do grupo sanguíneo formados após cada etapa.

Variação de fase

Muitas estirpes exprimem Le^x e Le ^{y}(54)(89), mas apenas algumas demonstraram exprimir epítopos de tipo 1 [40]. Foi demonstrado que o LPS do *H.pylori* apresenta uma variação de fase(55). A partir de uma única estirpe, foram isolados vários serótipos, todos expressando diferentes estruturas de LPS e com diferentes níveis de glicosiltransferase, o que demonstra que, no *H.pylori*, a variação de fase contribui para o aumento da heterogeneidade. Um estudo subsequente demonstrou que a variação do comprimento dos tractos poli(C) nos genes da a3-fucosiltransferase provoca uma deslocação reversível da estrutura e a rutura da estrutura de leitura aberta. O estado "on-off" dos genes determina os serótipos de LPS das variantes de fase e dos isolados clínicos.[56]Observam-se diferenças qualitativas nos perfis de LPS entre as células *H.pylori* cultivadas a pH 5 ou pH 7, o que sugere que *a H.pylori* pode alterar a sua estrutura de LPS em resposta ao pH ácido [57]. Esta pode ser uma adaptação importante que facilita a colonização do ambiente gástrico ácido pelo *H.pylori*.

Papel do LPS na colonização e patogénese

O LPS purificado inibe a ligação do *H.pylori* à laminina, indicando que o LPS está envolvido no processo de adesão. Foi demonstrado que o antigénio Le^x medeia a adesão do *H.pylori* a secções fixas de tecido gástrico[58]A análise mutacional do gene que codifica a P-1,4-galactosiltransferase demonstrou que esta enzima desempenha um papel fundamental na biossíntese da espinha dorsal da cadeia O do polissacárido, catalisando a adição de Gal a GlcNAc. Uma estirpe mutante que produziu LPS truncado colonizou ratinhos de forma menos eficiente do que a estirpe parental, indicando que o LPS desempenha um papel importante na colonização [40].

O LPS da *H.pylori* estimula a secreção de histamina basal e estimulada pela gastrina em células semelhantes à enterocromafina do rato e estimula a proliferação das mesmas células. Esta propriedade do LPS pode ser importante in vivo, uma vez que foi relatado que os indivíduos infectados têm uma produção de ácido mais elevada do que os controlos não infectados[59].

Localização na superfície de proteínas citoplasmáticas

A superfície celular da *H.pylori* tem a propriedade invulgar de poder incorporar proteínas como a urease, a catalase, a HspA, a HspB e a superóxido dismutase (SOD), que se encontram praticamente apenas no citoplasma de outras bactérias [40]. As técnicas de crioimunolocalização demonstraram que a urease, a catalase e a HspB estão localizadas estritamente no citoplasma da *H. pylori* recém-subcultivada, na fase inicial do tronco. No entanto, no final da fase logarítmica, estas proteínas estão também associadas à superfície ou são extracelulares [60]. Fracções significativas de urease e HspB estão também associadas à superfície in vivo [61]. A coloração imunológica indireta de ouro da SOD de *H.pylori* com um anticorpo policlonal dirigido contra a SOD de *E.coli* contendo ferro mostrou uma localização superficial da enzima [62]. As partículas de ouro estavam distribuídas no invólucro celular e na bainha dos flagelos. A SOD estava localizada na superfície externa de um número limitado de bactérias, mas a enzima era citoplasmática na maioria das células.

Mecanismo de localização na superfície de proteínas citoplasmáticas

Em contraste com outras proteínas *da H.pylori* com vias de secreção específicas [40]o mecanismo pelo qual a urease, a HspB, a catalase e a SOD se associam à outra membrana da *H. pylori* é controverso. A urease e a HspB são proteínas oligoméricas de grandes dimensões que, normalmente, se encontram exclusivamente no citoplasma das bactérias e não se espera que atravessem a membrana externa bacteriana. Foi demonstrado geneticamente que a urease, a SOD e a catalase da *H.pylori* não possuem péptidos líderes. [40]Por conseguinte, devem existir mecanismos de transporte alternativos. Alguns trabalhos muito elegantes demonstraram que, embora a urease, a HspB e a catalase da H.pylori sejam proteínas citoplasmáticas intrínsecas das bactérias em fase de crescimento, estas proteínas associam-se à membrana externa da *H.pylori* quando são libertadas do citoplasma por autólise de uma fração da bactéria [40]. Em seguida, são adsorvidas à superfície de bactérias intactas. Scott et al.[63] também referiram que a principal fonte de urease externa provinha da lise do organismo. No entanto, Vanet e Labigne [64] utilizaram um fracionamento subcelular e uma abordagem quantitativa de Western blot para demonstrar que os perfis proteicos do sobrenadante eram diferentes dos dos pellets celulares de bactérias colhidas mesmo na fase final de crescimento. Para além disso, as taxas de secreção de UreA e UreB eram diferentes.

Importância da localização na superfície de proteínas citoplasmáticas

A capacidade das proteínas citoplasmáticas libertadas pela *H.pylori* para se ligarem à

superfície celular é considerada biologicamente importante. Por exemplo, a localização superficial da catalase e da SOD poderia permitir que estas enzimas funcionassem mais eficazmente como um mecanismo de defesa contra o ataque fagocitário. No caso da urease, um estudo indicou que a urease livre ou extracelular é irreversivelmente inibida a um pH <4,5. Os autores concluíram que a urease externa é ineficaz como dispositivo de proteção contra os ácidos nos valores de pH mais baixos do estômago [63]. No entanto, noutro estudo, as bactérias com apenas urease citoplasmática apresentaram uma sobrevivência significativamente reduzida quando expostas a ácido na presença de 5 mM de ureia, em comparação com a sobrevivência de bactérias com urease citoplasmática e extracelular [65]. Isto indica que a atividade da urease citoplasmática, por si só, não é suficiente para permitir que *a H.pylori* sobreviva em ácido. Os autores deste estudo especulam que, possivelmente, a associação da urease com a membrana externa da *H. pylori* protege a urease da inativação pelo ácido. O desenvolvimento de mutantes nos quais a urease está localizada estritamente no citoplasma seria útil para resolver as discrepâncias entre os dois estudos. Para além de mediar a resistência ao ácido, foram postuladas outras funções para a urease associada à superfície, que incluem a ligação à mucina a pH ácido [66]. Para testar esta possibilidade, a aderência in vitro de um mutante isogénico urease-negativo às células epiteliais gástricas foi comparada com a da estirpe parental urease-positiva. Foi observada uma ligação significativa para ambas as estirpes, indicando que a urease não era uma adesina [67]. A um pH ácido na ausência de ureia, a viabilidade do organismo foi reduzida e, consequentemente, a ligação do organismo às células epiteliais gástricas também [40].
A observação de que a urease, a HspB e a catalase estão associadas à superfície ajuda a explicar como podem servir como componentes de vacinas em ensaios com animais. [40]No entanto, é provável que, in vivo, uma subpopulação de células *H.pylori* não tenha estes antigénios na superfície celular e que essa subpopulação possa, portanto, escapar ao efeito protetor da vacina. Em apoio disto, estudos de vacinação com urease contra *H.pylori* em macacos forneceram apenas uma taxa muito baixa de proteção ou nenhuma proteção contra a infeção[40].

Proteínas da membrana externa de *H. pylori*

Muitas proteínas de superfície de bactérias patogénicas desempenham papéis importantes na adesão, colonização e resposta imunitária. Além disso, algumas proteínas da membrana externa (OMPs) desempenham funções de transporte essenciais para o metabolismo, mantendo a permeabilidade selectiva da membrana externa a substâncias como os antibióticos. Embora a produção de um grande número de proteínas do envelope celular em *H.pylori* tenha sido inferida pela anotação da sequência do genoma, a caraterização funcional da maioria destas proteínas não foi comunicada. A Tabela 1 apresenta uma lista de proteínas do envelope celular para as quais existem dados biológicos disponíveis. Componentes de secreção do tipo IV inferidos a partir da análise da ilha de patogenicidade *cag* [68]e do domínio p-barrel da citotoxina vacuolante [69].

Quadro 1: Proteínas do envelope celular de *H. pylori*

Proteína	Mol wt(kDa) [a]	ORF do genoma de [J99/26695b]	Localização	Função	Comentários	Referência(s)
Salto A	53	jhp214/TIGRHP 229	OM	Porin	Modificável pelo calor; porina ativa no sistema modelo	33
Salto B	56.7	jhp849/TIGRHP 913	OM	Porin	Modificável pelo calor; porina ativa no sistema modelo	33
Salto C	56.4	jhp848/TIGRHP 912	OM	Porin	Modificável pelo calor; porina ativa no sistema modelo	33
Salto D	75	jhp21/TIGRHP 25 ?	OM	Porin	Modificável pelo calor; porina ativa no sistema modelo	33
Lúpulo E	29.55	jhp645/TIGRHP 706	OM	Porin	Porina antigenicamente conservada e não selectiva	20, 33

HopZ	74.2	jhp007	OM	Adesina	Demonstrou não funcionar como uma porina	84
BabA _c_	80.6	jhp833/TIGRHP 1243	OM	Adesina	Liga-se à estrutura do antigénio Le _b_	52
AlpA	56.4	jhp848/TIGRHP 912	OM	Adesina; porina	Provavelmente idêntico ao HopC	77
AlpB	56.7	jhp849/TIGRHP 913	OM	Adesina; porina	Provavelmente idêntico ao HopB	77
Recetor de laminina	25	NA	OM	Liga-se à laminina em conjunto com o LPS	Provavelmente na família dos paralogues OMP	103
Proteínas de ligação ao sangue 1-3 _d_	97.57	JHP1405/TIGRHP1512	OM	Ligar o heme	Reprimida pelo ferro no meio	108

	90.83	jhp85/TIGRHP 915				
	88.56	jhp810/TIGRHP876 TIGRHP916				
NapA	15	TIGRHP916	Superfície celular	Ativador de neutrófilos	Proteína de ligação ao ferro e também de ligação a certos sacarídeos	75, 100

Proteína	Mol wt(kDa) *J99/26695b*	ORF do genoma de	Localização	Função	Comentários	Referência (s)
FlaA	53.28	jhp548/TIGRHP 601	Filamento flagelar	Flagelina principal	Maioria dos filamentos	61
FlaB	53.97	jhp107/TIGRHP 115	Filamento flagelar	Flagelina menor	Proximal ao gancho	61
FlgE	76.28	jhp804/TIGRHP 870	Gancho flagelar	Proteína de gancho		80

FliD	74.12	jhp686/TIGRHP 752	Filamento flagelar?	Tampa do filamento	Não localizado; alongamento de filamentos prejudicado em mutantes	60
HpaA	29.2	jhp733/TIGRHP 797	Bainha flagelar	Adesina?	Recetor controverso para a neuraminilactose	30, 53, 79
Hpa25	25.0	NA	Envelope celular	Hemaglutinina específica do ácido siálico	Não mais caracterizado	47
Lpp20	19.1	JHP1349/TIGRHP1456	Envelope celular	Desconhecido	Antigénio principal; protetor em ratos	58, 62
NA	54.6	JHP1416/TIGRHP1527	Envelope celular	Essencial para a transformação	Identificado a partir de uma biblioteca de mutantes aleatórios; necessário para a ligação ou absorção de NA	90

a Deduzido a partir da sequência genética traduzida, se conhecida.

b ORF, quadros de leitura abertos; OM, membrana externa.

c Os dados genómicos referem-se ao alelo silencioso *babA1*; *bab2* está ausente.

d Não é claro se os genes anotados listados codificam as proteínas de ligação ao heme observadas experimentalmente.

Porinas

As porinas de *H.pylori* foram identificadas pela primeira vez por Hancock, Trust e colaboradores [70] utilizando eletroforese em gel bidimensional para distinguir OMPs modificáveis pelo calor. Devido à estrutura compacta do barril p da porina, os monómeros ainda estão dobrados e, por conseguinte, são mais móveis do que as proteínas totalmente desnaturadas que podem ser produzidas por fervura prolongada em dodecil sulfato de sódio. Por fim, cinco porinas foram identificadas, purificadas e caracterizadas funcionalmente com esta abordagem, e rotuladas de HopA a E[70].

As cinco proteínas são canais não específicos cheios de água, com uma seletividade mínima para aniões ou catiões de tamanho variável. A condutância num sistema de membrana modelo foi semelhante à de outras porinas bacterianas não específicas, mostrando uma relação linear entre a concentração de sal e a condutância [70]. Em comparação com outras bactérias gastrointestinais, como a *Campylobacter* spp., foi inferido um tamanho de canal relativamente pequeno a partir das medições de condutividade, que é mais semelhante ao das porinas de *Pseudomonas* spp. resistentes a antibióticos. [70]. Este facto poderá contribuir para a resistência da *H. pylori* aos antibióticos hidrofílicos. A caraterização funcional das porinas de *H. pylori* foi recentemente alargada através da expressão em *E. coli* e da mutagénese de ligações [71]. O modelo resultante para a topologia membranar da HopE fornece uma base para prever a organização dos paralogues da HopE, mas é altamente desejável uma análise bioquímica sistemática destas proteínas com domínio público.

As porinas de *H.pylori* ou os seus parálogos têm sido implicados em vários aspectos importantes das interacções entre o hospedeiro e o agente patogénico. Tufano e colegas [72] descreveram uma série de respostas imunomoduladoras provocadas por uma proteína de 30 kDa da *H.pylori* , que poderia ser idêntica à HopE. Uma vez que seis dos seis doentes infectados com *H.pylori* testados produziram anticorpos contra a HopE [70] sugerimos que alguns destes efeitos no hospedeiro podem ser atenuados ou abolidos por anticorpos neutralizantes. Serão necessários mais estudos para comprovar ou alargar as propriedades imunomoduladoras dos OMPs de *H.pylori*.

Um elevado grau de identidade de sequência entre as sequências limitadas da proteína HopA-E levou à sugestão de que formavam uma família de proteínas relacionadas [70]que foi validada pela análise subsequente do genoma [40]. Tomb e colaboradores anotaram 32 genes pertencentes a uma família de genes porina-OMP paralógica, entre os quais foram identificados os Hops. Análises posteriores dividiram estes genes em três famílias paralogas [73]a maior com 20 e 21 membros na estirpe J99 e na estirpe 26695, respetivamente [40]. Estas divisões baseiam-se numa região homóloga na extremidade amino-terminal e em sete domínios que apresentam semelhanças na extremidade carboxi-terminal, incluindo estes últimos os resíduos hidrofóbicos alternados característicos. A caraterização funcional de muitas destas proteínas não foi comunicada, e atualmente não é claro quantas são porinas. Algumas têm outras funções relacionadas com a patogénese, como a adesão (ver abaixo).

Adesinas

A H.pylori liga-se a um certo número de ligandos de hidratos de carbono nas células epiteliais, incluindo glicoproteínas fucosiladas, como o antigénio Le [b(74)]. A adesina BabA correspondente da *H.pylori* foi purificada por marcação de afinidade e foram clonados dois alelos *babA* (*babA1* e *babA2*) [75]. A determinação da sequência de ADN destes alelos e de um gene relacionado *babB* revelou que BabA2 é a adesina expressa de Le^b , sendo o gene *babA1* silencioso devido à falta de um códão de iniciação. As sequências revelaram surpreendentemente que eram membros da família de genes paralógicos de OMPs anteriormente discutida: *babA1* e *babB* correspondem a HP1243 e HP896, respetivamente, enquanto *babA2* está ausente da estirpe 26695 [40]. Alguns destes genes foram previstos como sendo de fase variável porque os tractos homopoliméricos e as repetições de dinucleótidos presentes nas regiões codificadoras da sequência de sinal são provavelmente susceptíveis de serem reparados por deslizamento da cadeia [41]. No entanto, quando as duas sequências do genoma da *H.pylori* publicadas foram comparadas[73]o estado de expressão previsto de cinco

OMPs era idêntico nas duas estirpes. O significado do potencial de variação de fase nestes paralogues não é atualmente claro.

Outra adesina suspeita, a proteína HopZ , foi recentemente identificada na fração da membrana externa, tendo o respetivo gene sido clonado e sequenciado em 15 estirpes. Foi demonstrado que a proteína medeia a ligação às células epiteliais gástricas, mas não funciona como uma porina. Embora um homólogo próximo de *hopZ* esteja presente no genoma da estirpe J99 (jhp007, 92% de identidade no ADN e na proteína; a nossa análise), os autores observaram que o gene HP009 da estirpe 26695 era menos conservado (88% de identidade de aminoácidos) e que se podiam distinguir duas variantes alélicas nas 15 estirpes sequenciadas [76].

O locus do gene *alpAB* foi identificado por Haas e colegas por mutagénese de vaivém; a mutação de qualquer um dos genes reduziu a adesão a secções de tecido gástrico humano [77]. As sequências destes dois genes, que estão organizados num operão, apresentam a maior identidade com HP0912 e HP0913 , que codificam HopC e HopB, respetivamente. O modelo para a topologia membranar de AlpA apresentado nesse estudo não faz referência ao facto de HopC ter sido experimentalmente provado como uma porina [70].

Outras proteínas do envelope celular, para além das porinas, foram implicadas como adesinas. Entre as primeiras estava a Hpa (ver abaixo), inicialmente descrita como uma hemaglutinina, mas agora identificada como uma lipoproteína da bainha flagelar com propriedades adesivas controversas [40]. Foi identificada outra OMP de 25 kDa que actua de forma semelhante a uma lectina com LPS para mediar a ligação do *H.pylori* à laminina, uma proteína glicosilada abundante na membrana basal [78].

Embora esta proteína não tenha sido identificada, é muito provável que seja um membro da família OMP.

OMPs relacionadas com o ferro

Worst e os seus colegas identificaram pela primeira vez três OMPs de ligação ao ferro que não eram expressas em condições normais de crescimento in vitro [79]. Os doentes infectados com *H. pylori* desenvolvem anticorpos que reconhecem estas proteínas [80] O genoma contém quatro genes que codificam a expressão de proteínas de ferro-reprimíveis de ligação ao heme. O genoma contém quatro genes que codificam presumíveis OMPs que têm uma identidade significativa de resíduos com uma OMP regulada pelo ferro, FrpB, de *Neisseria meningitidis* (Tabela 1). No entanto, os tamanhos destas proteínas são significativamente diferentes dos identificados por Worst e colegas [79]. É provável que o invólucro da célula também esteja equipado com permeases e proteínas de transporte de ferro da membrana citoplasmática, analisadas noutro local, mas que estão mal caracterizadas.

Uma única proteína, NapA, combina várias das propriedades biológicas das OMPs já mencionadas, incluindo a imunomodulação e a adesão. Esta proteína foi inicialmente detectada em extractos de água sem células de *H.pylori* que aumentavam a expressão superficial de CD11b/CD18 nos neutrófilos e aumentavam a adesão às células endoteliais [81]. A NapA (proteína activadora de neutrófilos) comportou-se como um agregado de 150.000 Da durante os procedimentos de purificação cromatográfica, mas tinha um tamanho de subunidade de 15.000 Da. Foi demonstrado que esta proteína aderiu a quatro glicoesfingolípidos num ensaio de fase sólida; um gangliosídeo conhecido foi preferencialmente ligado [82]. A localização superficial de NapA foi relatada independentemente por outro grupo que estudou proteínas de *H.pylori* que se ligavam a mucinas [83]. Foi demonstrado que uma proteína, identificada como NapA por sequenciação de amino terminais, se liga a vários oligossacáridos sulfatados e também ao antigénio do grupo sanguíneo Le^x .

A análise da sequência do *napA* revelou uma identidade significativa com as bacterioferritinas e a conservação de um motivo de sete aminoácidos em torno do centro da ferroxidase [84]. Esta função intracelular inferida está em desacordo, mas não é necessariamente irreconciliável com as propriedades adesivas e a estimulação de neutrófilos atribuídas à NapA, aplicando o precedente anteriormente discutido para a localização superficial de proteínas citoplasmáticas. Para complicar ainda mais as coisas, a proteína NapA tem sido alvo de uma análise minuciosa porque é um antigénio importante na resposta imunitária humana à *H. pylori*. Montecucco e colegas mostraram que a NapA tem uma estrutura quaternária dodecamérica [85] e liga até 40 átomos de ferro por monómero. Esse estudo não discutiu a localização superficial de NapA, embora um dos homólogos mencionados seja uma proteína de superfície não publicada de *Lactobacillus rhamnosus* (acesso AAB88605). Seria apropriado testar o significado biológico das propriedades relatadas de NapA em infecções experimentais com um mutante nocauteado (se viável) ou testar estratégias para separar e neutralizar individualmente suas propriedades relatadas.

Flagelos

A ultra-estrutura da célula *H.pylori* é caracterizada pela presença de flagelos unipolares revestidos. Normalmente, há pelo menos um flagelo, terminal ou subterminal, mas pode haver até oito por célula. As células aflageladas podem surgir por variação reversível de uma sequência homopolimérica re peat no gene *fliP* [86]. As dimensões flagelares são uma média de 4 цт de comprimento e um diâmetro total mais constante de 30 nm [40]. O filamento flagelar geralmente termina em uma estrutura bulbosa, semelhante a uma pá (Fig. 6). Esta é composta pela bainha, uma caraterística relativamente incomum nos flagelos bacterianos, que é uma camada membranosa contínua com a membrana externa. Geis e colaboradores demonstraram que a composição proteica, fosfolipídica e de LPS da bainha era muito semelhante à da membrana externa, embora tenham sido observadas algumas diferenças significativas na composição proteica e de ácidos gordos. Mais recentemente, uma proteína da *H. pylori* que foi inicialmente identificada como uma hemaglutinina [87]e depois demonstrou ser uma lipoproteína, foi relatada como sendo uma proteína específica da bainha flagelar, mas não uma adesina [88]. As funções presumidas da bainha são a resistência aos ácidos e o mascaramento dos epítopos flagelares, que são conservados na espécie [73]. Estes epítopos também reagem de forma cruzada com anticorpos contra a flagelina de *Campylobacter jejuni* [40].

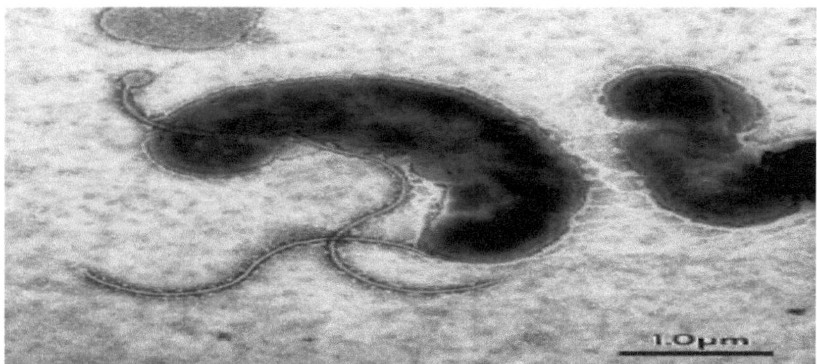

Figura 6: Configuração flagelar de *H. pylori*. Nesta preparação corada negativamente (ácido fosfotúngstico a 1%), são visíveis os flagelos terminais e subterminais, o gancho, a bainha e o bolbo terminal.

No *H.pylori*, o filamento contém principalmente duas proteínas: uma flagelina principal de peso molecular 53.000, e um componente menor de 54.000 [40]. A flagelina menor FlaB estava localizada proximalmente ao gancho, e a flagelina maior formava a maior parte do resto do filamento [89]. A dependência dos genes para as duas flagelinas em diferentes classes de factores sigma para a expressão apoia um modelo no qual a *H. pylori* varia a proporção de FlaA e FlaB no flagelo em resposta a alterações nas condições ambientais [40]. No entanto, ambas as subunidades de flagelina são necessárias para a motilidade total [90]. A anotação do genoma 26695 [41] inclui dois homólogos de um presumível gene de flagelina polar *flaG* de outros organismos, mas esta anotação não é considerada robusta [91].

A proteína do gancho flagelar (FlgE) da *H.pylori* é maior do que as proteínas FlgE da *Salmonella enterica* serovar Typhimurium ou da *E.* coli. [40]A estrutura do gancho montado também é maior, o que pode estar relacionado com as tensões físicas da rotação flagelar terminal ou com a motilidade no ambiente viscoso da mucosa. Os estudos de FlgE de *H.pylori forneceram uma* visão significativa da hierarquia reguladora dos genes flagelares [92]. Outro componente estrutural do flagelo, a proteína FliD, também foi caracterizada geneticamente [93].

As células bacterianas que têm flagelos polares em vez de peritríquios podem ter um disco basal, que se pensa dissipar a torção no pólo celular [40]. Uma estrutura semelhante pode ser visualizada nas células *H.pylori* através de uma coloração negativa adequada. [40]A anotação genómica por transferência de função a partir de homólogos não ajuda, uma vez que esta estrutura e a sua proteína constituinte estão mal caracterizadas noutras bactérias. O complemento de genes sugere que o corpo basal, o gancho e o filamento são montados de forma semelhante a bactérias entéricas como a Salmonella, embora não tenham sido identificados alguns homólogos importantes: FlgF (haste proximal); FliK (controlo do comprimento do gancho); FlgD (estrutura do gancho); FlgA (montagem do anel P); FliJ (chaperona flagelar). A maioria dos homólogos anotados não foi caracterizada bioquimicamente. Este organismo é um sistema modelo atrativo para elucidar a biogénese flagelar num organismo de genoma pequeno. Foi demonstrado com estirpes de tipo selvagem de vários graus de motilidade, e com estirpes geneticamente modificadas de knockout, que a motilidade é essencial para uma colonização bem sucedida num modelo de infeção de leitões. A motilidade é, portanto, considerada um fator de virulência para o *H.pylori* . Um de nós (M.C.) demonstrou recentemente que as estirpes sem flagelo, devido à mutação de genes estruturais, apresentam uma aderência normal às células epiteliais gástricas. Em contraste, a mutagénese do gene flagelar regulador *flbA* reduziu significativamente a adesão, sugerindo uma ligação cruzada com o controlo da produção de outros genes de adesão [40, 94]. A mutagénese da ATPase de exportação flagelar FliI reduziu de forma semelhante a produção de OMP4 [95]que, até à data, não tem função definida. Parece provável que neste organismo de genoma pequeno, com poucos reguladores transcricionais, sejam utilizados mecanismos de controlo sobrepostos para diferentes processos de exportação.

Hemaglutininas

A capacidade de as células bacterianas aglutinarem glóbulos vermelhos é um ensaio conveniente para a deteção de receptores bacterianos, que normalmente têm afinidade para glicolípidos ou glicoproteínas eucarióticas.

A primeira hemaglutinina descrita para o *H.pylori* foi a proteína HpaA. Uma outra hemaglutinina sensível à neuraminilactose foi isolada por filtração em gel e ultracentrifugação em gradiente de densidade de sacarose. [96]É possivelmente idêntica à proteína de ligação à laminina acima referida. Outra lipoproteína importante, a Lpp20, foi purificada a partir do invólucro celular, onde foi localizada na membrana citoplasmática e na membrana externa [40]. Recentemente, a Lpp20 demonstrou ser protetora quando utilizada para imunizar passivamente ratinhos, e a sua localização à superfície foi argumentada de forma convincente [97]. As tentativas de isolar hemaglutininas e outras adesinas foram provavelmente frustradas pelo facto de a atividade a purificar se dever a OMPs integrais, como a Hops ou a BabA. Além disso, as proteínas citoplasmáticas como a DnaK e a catalase podem localizar-se à superfície e mediar a ligação a glicolípidos e glicoproteínas, respetivamente

Capítulo 3
Patogénese da *Helicobacter pylori*

Factores envolvidos na colonização e adesão

Foram identificados na *H.pylori* vários factores de virulência para a colonização gástrica, danos nos tecidos e sobrevivência (Quadro 1). Os flagelos, a urease e as adesinas são factores essenciais para a *H. pylori* colonizar a mucosa gástrica. Os mutantes de *H. pylori* sem flagelos ou sem urease são incapazes de colonizar a mucosa gástrica em animais de laboratório[14, 98].

Quadro 1: Factores de virulência identificados na *H.pylori*

Fator de virulência	Efeito
Colonização	
Flagelos	Movimentos activos através da mucina
Urease	Neutralização do ácido
Adesinas	Ancoragem da *H. pylori* ao epitélio
Danos nos tecidos	
Enzimas proteolíticas	A glucosulfatase degrada a mucina
Citotoxina de 120 kDa (Gac A)	Relacionado com úlcera e gastrite grave
Citotoxina vacuolante (Vac A)	Danos no epitélio
Urease	Efeito tóxico nas células epiteliais, rompendo as junções apertadas das células
Fosfolipase A	Digerir os fosfolípidos das membranas celulares
Álcool desidrogenase	Lesão da mucosa gástrica

Sobrevivência	
Vigilância intracelular	Prevenir a morte nos fagócitos
Superóxido dismutase	Impedir a fagocitose e a morte
Catalase	Impedir a fagocitose e a morte
Formas cocóides	Forma dormente
Proteínas de choque térmico	
Urease	Antigénio da bainha
Outros	
Lipopolissacárido	Baixa atividade biológica
Homologia do grupo sanguíneo X/Y de Lewis	Autoimunidade

Flagelos e motilidade

A morfologia curva da *H.pylori* _ e a motilidade polar causada por flagelos numa extremidade causam movimentos semelhantes a parafusos, o que pode permitir ao organismo penetrar na camada de mucina. A motilidade da *H.pylori* aumenta quando a viscosidade do meio é aumentada in vitro e atravessa uma solução de metilglucose 10 vezes mais eficazmente do que a *Escherichia* coli [5]mas a motilidade depende do pH e é afetada a um pH inferior a 4 [99].

Urease, catalase, superóxido dismutase e alquil-hidroperoxidase redutase

A urease é uma das enzimas-chave na patogénese da *H.pylori*. Tem um peso molecular de 550 kDa e é constituída por três subunidades de 26,5 kDa (Ure A), 61 kDa (Ure B) e 13 kDa (Ure C).[5]A urease é necessária para que *a H.pylori* mantenha um microambiente de pH neutro à volta da bactéria, necessário para a sua sobrevivência no estômago ácido [5]. A urease induz a auto-destruição da *H. pylori* in vitro em meios não ácidos[100]. A urease é fortemente imunogénica e quimiotáxica para os fagócitos. A superóxido dismutase foi isolada da *H.pylori* , que decompõe o superóxido produzido nos leucócitos polimorfonucleares e nos macrófagos, impedindo assim a morte destes organismos[62]. A catalase protege *a H. pylori* contra os efeitos nocivos do peróxido de hidrogénio libertado pelos fagócitos [101]. A urease e a catalase podem ser excretadas pela *H. pylori* para o ambiente circundante e podem proteger este agente patogénico da resposta imunitária humoral [5].

Proteínas da membrana externa, fosfolípidos, glicolípidos e outras adesinas

A H.pylori adere à mucina e liga-se especificamente às células epiteliais da mucosa gástrica, tanto in vivo como in vitro [5]. Foram descritos diferentes padrões de adesão, que são diferentes em crianças e em adultos. Foram descritas várias estruturas receptoras putativas do tecido gástrico para o *H.pylori*, tais como (i) sialoglicoconjugados nas mucinas gástricas e nas células epiteliais, fagócitos e matriz extracelular[5](ii) glicoconjugados sulfatados, como o sulfato de heparano e outros glicosaminoglicanos, e (iii) sulfatídeos [5] e vários glicolípidos sialilados e não sialilados [99].

A ligação do *H.pylori* aos antigénios fucosilados do grupo sanguíneo à superfície das células, H1 e parte de Lewis do grupo sanguíneo O no sistema ABO, foi descrita pela primeira vez por Boren e colaboradores e demonstrou mediar a adesão às células da superfície do tecido gástrico de macacos rhesus e humanos. Mais recentemente, Petersson e colaboradores identificaram as adesinas de ligação ao antigénio do grupo sanguíneo do *H.pylori*, Bab A e Bab B, purificaram as proteínas e clonaram os genes *babA* e *babB*. Foram caracterizadas duas proteínas básicas estreitamente relacionadas de 78 kDa. As

Também foram purificadas lectinas específicas do ácido siálico de 19 e 23 kDa e clonados os genes correspondentes (T. Boren, comunicação pessoal). Estas proteínas, ao contrário de BabA e -B, não pertencem à família de proteínas, maioritariamente designadas por proteínas da membrana externa de Helicobacter, segundo uma nomenclatura introduzida por T. J. Trust e associados. As adesinas de superfície celular que reconhecem sulfatídeos não foram identificadas, enquanto as proteínas de ligação ao sulfato de heparano (HeBPs) foram purificadas e caracterizadas por Utt et al. Nenhuma das proteínas de superfície de ligação a glicolípidos foi ainda purificada e caracterizada. Curiosamente, não foi identificada nenhuma mucina e adesina celular putativa semelhante em *H. felis* ou noutras espécies recentemente identificadas, exceto em *H. mustelae* (P. O'Toole e T. Trust, comunicação pessoal). Os estudos de ligação por afinidade in vitro para a ligação de Lewis dão origem a constantes de afinidade elevadas (Ka, - 2,5; 10 a 11 M) e revelam também uma elevada afinidade para os glicoconjugados de ligação da mucina humana a adesinas ou lectinas hemaglutinantes específicas do ácido siálico (SAL) [5]. Estudos recentes realizados por Syder et al. num modelo de ratinho transgénico sugerem que as SAL podem tornar-se adesinas-chave na mucosa gástrica inflamada. É de salientar que estas SALs são produzidas já na fase de crescimento exponencial, enquanto as adesinas Bab A e B aparecem principalmente nas células em fase estacionária. Os SAL e as HeBPs podem ser os receptores-chave nos leucócitos e macrófagos e desencadear a lectinofagocitose, tal como acontece com vários outros agentes patogénicos microbianos [5].

Factores envolvidos na lesão dos tecidos e factores de sobrevivência Enzimas: protease, etc.

Foram registados resultados contraditórios relativamente às enzimas proteolíticas da

H.pylori. Parece provável que a *H.pylori* glicosulfatase degrade a mucina gástrica. *A H.pylori* possui fosfolipase A, que pode digerir os fosfolípidos das membranas celulares. A urease tem uma atividade citotóxica. Recentemente, foi descrito que a álcool desidrogenase contribui para a lesão da mucosa gástrica. [5].

Toxinas: citotoxina vacuolante A, lipopolissacárido

tem sido relacionada com úlcera péptica, gastrite grave e integridade da mucosa. O lipopolissacárido (LPS) do *H.pylori* tem uma atividade biológica baixa em comparação com o LPS de outras bactérias gramnegativas, o que pode ser explicado pela composição invulgar do lípido A. O LPS do *H.pylori* estimula a transcrição fenotípica e as alterações funcionais nos monócitos [5]. Os ensaios que utilizam a ligação dos receptores de laminina (integrina) da mucosa gástrica a uma superfície revestida de laminina revelaram uma diminuição significativa da ligação dos receptores na presença de LPS de *H.pylori* [102]. Quando a barreira epitelial gástrica é enfraquecida pela rutura das células da superfície da mucosa e da matriz extracelular, o LPS é responsável para um aumento acentuado da apoptose das células epiteliais [102]. O LPS do *H.pylori* tem despertado interesse recentemente porque o LPS da maioria das estirpes imita os antigénios do grupo sanguíneo Lewis e/ou Lewis. [103]Este mimetismo pode desempenhar um papel na regulação da resposta imunitária e induzir autoanticorpos contra a bomba de protões gástrica.

Outros factores de virulência putativos

Várias proteínas de choque térmico (Hsp), como a Gro-El de 58,2 kDa (Hsp B), a Gro-Es de 13 kDa (Hsp A) e uma Hsp de 70 kDa foram identificadas na *H.*pylori [5]. As Hsp são produzidas por todas as células e estão envolvidas na estabilização e, provavelmente, na reparação de proteínas em condições adversas, o que pode ser importante para a sobrevivência no estômago.

A H.pylori transforma-se em formas cocóides [5] em determinadas condições, como a carência de nutrientes e meios que contêm inibidores de crescimento (bismuto, inibidor da bomba de protões ou determinados antibióticos). Foi relatado que estas formas cocóides sobrevivem durante vários anos na água dos rios e foi proposto por alguns como sendo um fator importante para a transmissão, por excreção fecal, e para o fracasso da terapia.

A patogénese da *H.pylori*

A patogénese da infeção por *H. pylori* é extremamente complexa devido aos seus factores de multivirulência, como o gene associado à citotoxina A (CagA), a ilha de patogenicidade Cag (Cag PAI), o lipopolissacárido (LPS), a urease e a citotoxina vacuolante A (VacA). No entanto, a inflamação sustentada, a imunomodulação e o stress oxidativo (no hospedeiro) são a principal razão para as doenças *relacionadas com o H. pylori,* como a ulceração péptica, a gastrite, o linfoma do tecido linfoide associado à mucosa gástrica e o cancro gástrico[104].

O cancro gástrico é um problema grave causado pela H. pylori, uma vez que causa mais mortes nos países em desenvolvimento e subdesenvolvidos, devido à falta de saneamento básico. Por conseguinte, a Organização Mundial de Saúde (OMS) classifica *a H. pylori* como um agente cancerígeno humano do grupo I. Além disso, vários estudos epidemiológicos indicaram que a H. pylori é o principal fator de risco para o cancro gástrico [105].

A ligação da *H.pylori* à célula hospedeira (células epiteliais) é o passo fundamental no início do processo de infeção por *H.pylori* [106].

Uma vez que *a H.pylori* se fixa à célula, liberta vários factores de virulência, especialmente CagA, LPS e Vag A, que desencadeiam o processo inflamatório ao elevar a infiltração da lâmina subepitelial por macrófagos e neutrófilos, que são o contribuinte putativo para a geração de espécies reactivas de oxigénio (ROS) [107].

Os ERO activam o fator de transcrição sensível aos oxidantes, como o fator nuclear kappa-B (NF-κB). Este, por sua vez, estimula a expressão de genes inflamatórios que codificam enzimas inflamatórias como a ciclo-oxigenase-2 (COX-2) e a óxido sintase induzível (iNOS), bem como citocinas pró-inflamatórias como as interleucinas (IL-ip, IL-8) e o fator de necrose tumoral (TNF-a) [108] Atualmente, estão disponíveis no mercado vários antibióticos sob a forma de regime triplo ou tetra, como a amoxicilina, a claritromicina e o metronidazol com um inibidor da bomba de protões (IBP), para o tratamento da úlcera gástrica ou da gastrite causada pela infeção por *H. pylori*, mas estes mostraram uma menor atividade inibidora devido à resistência aos medicamentos e a numerosos efeitos adversos [106].

Por conseguinte, é extremamente necessária uma planta medicinal natural com propriedades *anti-H.pylori* sem efeitos adversos [109].

O cancro gástrico, que é a terceira principal causa de morte por cancro em todo o mundo,[110] é causado em grande parte pela Helicobacter pylori, uma bactéria microaerófila gram-negativa que infecta metade da população mundial. Para além da carcinogénese gástrica, a H. pylori também contribui para o desenvolvimento de úlceras pépticas, gastrite crónica e linfoma do tecido linfoide associado à mucosa[111].

Embora o sistema imunitário humano seja capaz de criar uma resposta imune inata e adaptativa robusta à infeção, normalmente não consegue eliminar completamente o H pylori, resultando assim numa infeção persistente. Esta infeção prolongada resulta em inflamação crónica, stress oxidativo e danos no ADN[112].

Existem vários factores de virulência da H. pylori que contribuem para a sua capacidade de escapar ao sistema imunitário e perturbar as células do hospedeiro. Um dos factores mais estudados é o gene A associado à citotoxina (CagA), que é injetado na célula hospedeira, onde pode afetar a forma, a motilidade e a proliferação da célula[112].

A citotoxina vacuolante A (VacA) é outro fator de virulência bem estudado que é uma toxina segregada pelo *H.pylori* e capaz de induzir citocinas inflamatórias depois de entrar na célula hospedeira[113].

Além disso, o VacA possui vários mecanismos que ajudam a bactéria a evitar a resposta imunitária, como a interrupção da maturação dos fagossomas e a criação de fagossomas fundidos, denominados megassomas, que impedem a destruição das bactérias neles contidas[112]. Embora não seja tão bem compreendida, a adesão de ligação ao antigénio do grupo sanguíneo (BabA) é outro fator de virulência conhecido por induzir a transcrição de genes inflamatórios e desviar a resposta imunitária de T helper 2 para T helper 1 com uma resposta enfraquecida de interleucina (IL)33[112].

Estes são alguns dos factores de virulência que o H pylori utiliza para manter uma resposta pró-inflamatória prolongada, evitando a sua autodestruição.

O modelo de Correa et al coloca a hipótese de que a mucosa gástrica normal pode desenvolver gastrite, que progride para displasia e, finalmente, para o desenvolvimento de cancro. Existem muitos factores que contribuem para o início da gastrite e para a progressão para o cancro, tais como polimorfismos genéticos do hospedeiro, factores dietéticos e infeção pela estirpe H pylori, entre outros Geração de stress oxidativo.[112]

Resposta do anfitrião

A presença de *H.pylori* resulta em espécies reactivas de oxigénio (ROS) e espécies reactivas de azoto (RNS) produzidas pelo hospedeiro na mucosa gástrica. Embora existam muitos tipos de células que podem contribuir para a produção de ROS/RNS, incluindo as células epiteliais, são principalmente os neutrófilos que contribuem com a maior quantidade[114].

A nicotina amida adenina dinucleótido fosfato (NADPH oxidase [Nox]) na membrana celular catalisa a produção de ROS para matar as bactérias.[112]Durante este processo, a Nox é activada para receber um eletrão do NADPH, que é doado ao oxigénio para criar superóxido (o2 -). Em seguida, o o2 - é convertido em peróxido de hidrogénio (H2O2) pela catálise da superóxido dismutase. O H2O2 pode então ser convertido no ácido hipocloroso, mais tóxico[112]. Além disso, o H2O2 reage com o o2- para formar radicais hidroxilo (OH). Combinados, esses EROs geralmente matam qualquer bactéria dentro do neutrófilo. No entanto, a separação entre os neutrófilos no tecido e as bactérias no lúmen torna difícil matar toda a *H.pylori* presente. Consequentemente, pensa-se que a tentativa contínua de o fazer resulta na inflamação crónica ativa e nos danos na mucosa gástrica durante o curso da infeção prolongada[112].

A presença de *H.pylori* resulta no influxo de células fagocíticas num esforço para eliminar a infeção. Os macrófagos e os neutrófilos fagocitam as bactérias numa tentativa de matar o organismo com ROS/RNS. Além disso, os neutrófilos e as células epiteliais do hospedeiro também exprimem uma enzima crítica, a óxido nítrico sintase induzível (iNOS), que produz NO.17 O NO reage com metais e o2 para produzir nitrito peroxi, um oxidante forte. A infeção por H pylori resulta na formação de ROS e RNS através do aumento da expressão de Nox e iNOS nas células imunitárias[112].

Os doentes infectados com *H.pylori* apresentam níveis aumentados de ROS, juntamente com níveis aumentados de metabolitos derivados do NO, o que indica a ativação da iNOS.[115]Estudos in vivo com ratinhos deficientes em iNOS mostram uma diminuição da incidência de cancro gástrico após a infeção com *H. pylori* em comparação com ratinhos de tipo selvagem[116].

Para além das células fagocíticas que tentam eliminar o H pylori, existem provas recentes de que as células epiteliais gástricas também expressam Nox, no entanto, os pormenores permanecem pouco claros [117, 118]. A subunidade Nox1 do NADPH é expressa nos tecidos gástricos e contribui provavelmente para a produção de ROS durante a infeção por H. *pylori*. As ROS são produzidas a um nível muito inferior nas células epiteliais em comparação com as células fagocíticas da resposta imunitária e contribuem para a sinalização sensível à redox, podendo não matar diretamente *o H.pylori*[119] .

Além disso, sabe-se que as oxidases duplas localizadas nas células epiteliais gástricas produzem H2O2 em resposta à infeção, contribuindo também para os níveis de ERO [112].

A combinação da produção de ROS pelas células fagocíticas e epiteliais cria um ambiente de stress oxidativo que contribui para a carcinogénese gástrica[112] .

Factores de virulência *da H.pylori*

As estirpes de *H.pylori* contêm múltiplos factores de virulência que podem contribuir para a produção de stress oxidativo no hospedeiro. A presença de cagA numa estirpe resulta num aumento do risco de carcinogénese gástrica em comparação com indivíduos infectados com estirpes CagA-negativas [120]. As estirpes CagA positivas apresentam níveis mais elevados de peróxido de hidrogénio e danos oxidativos no ADN[121].

Além disso, verifica-se um aumento do fator de necrose tumoral-a e da IL8, que são marcadores inflamatórios e de stress oxidativo.[112] Embora o mecanismo exato que o CagA utiliza para a carcinogénese ainda não tenha sido definido, é evidente que estas acções podem contribuir para o desenvolvimento do cancro gástrico.[122]Outro fator de virulência que pode aumentar a probabilidade de desenvolvimento de cancro gástrico é o VacA. O VacA é capaz de induzir um influxo de *Ca2p* e a geração de ROS que resulta na ativação do fator nuclear-kB, aumentando assim a resposta imune pró-inflamatória.[112]

A H.pylori tem a capacidade de recrutar neutrófilos e de se proteger de explosões oxidativas com a ajuda dos factores de virulência urease, fator de ativação de neutrófilos A (NapA) e a enzima catalase. A urease e o NapA recrutam neutrófilos para o local da infeção e induzem a explosão oxidativa dos neutrófilos assim que chegam[112].

Contribuindo para a sobrevivência do *H.pylori*, ao mesmo tempo que cria um estado inflamatório crónico, os neutrófilos têm menos probabilidades de sofrer apoptose e *o H.pylori* localizado no lúmen é protegido dos oxi-radicais libertados pela NapA e pela catalase [118]BabA é uma proteína de adesão que está bem caracterizada. As estirpes BabA-positivas induzem uma forte resposta de citocinas IL8 e fraca IL33[123].

Esta resposta imunitária conduz a uma resposta pró-inflamatória sem acabar por matar a bactéria. Também é importante a correlação entre a positividade de BabA e os danos no ADN[124]. Outra adesão é a adesão de ligação ao ácido siálico, que induz explosões oxidativas nos granulócitos[112] A g-glutamil transferase é um fator de virulência que contribui para a produção de IL8 e para a ativação do fator nuclear-kB, ao mesmo tempo que estimula a produção de H2O2 no epitélio gástrico.[125] Sabe-se também que o tratamento de células gástricas primárias e da linha de células cancerosas AGS com g-glutamil transferase resulta em danos no ADN provocados pelo stress oxidativo [125]
.

As múltiplas formas de induzir a resposta imunitária do hospedeiro, combinadas com os danos resultantes da resposta ao stress oxidativo, podem iniciar os passos para a carcinogénese. Além disso, *a H. pylori* também é capaz de se proteger da resposta imunitária do hospedeiro induzindo a apoptose dos macrófagos. Os macrófagos in vitro estimulados pelo lipopolissacárido do *H. pylori* produzem poliamina, que suprime a sua iNOS e induz a apoptose.38 Nas células epiteliais gástricas, a poliamina é utilizada para criar H2O2.

Pensa-se que *a H. pylori* também produz o2, que é moderadamente citotóxico e provavelmente tem origem na cadeia respiratória mitocondrial de electrões.[112] Embora o o2 seja prejudicial, a reação do H2O2 e dos metais é muito mais potente. *A*

H.pylori é capaz de induzir uma resposta do hospedeiro e depois manipulá-la para criar um ambiente tolerante e favorável à sobrevivência da bactéria, o que produz um ambiente inflamatório crónico que é prejudicial para o hospedeiro[112].

Danos no hospedeiro e cancro gástrico

O H.pylori foi o primeiro agente patogénico bacteriano a ser reconhecido como carcinogénico.[112]O longo período de tempo entre a infeção inicial e a carcinogénese, combinado com o diagnóstico tardio, resulta numa baixa taxa de sobrevivência de 5 anos.1 Como já foi referido, *o H. pylori* é capaz de induzir um estado inflamatório prolongado que contribui para a carcinogénese [112].

As estirpes CagA-positivas são capazes de induzir uma resposta de stress oxidativo in vitro e estas estirpes estão mais frequentemente associadas ao cancro gástrico. [112] Estudos in vitro também demonstraram um aumento dos danos oxidativos e da apoptose. [126] No entanto, estudos demonstraram que algumas células com danos no ADN são menos susceptíveis de sofrer apoptose, aumentando assim o potencial de surgimento de cancro a partir dessas células [126].

Os danos no ADN provocados pela infeção por *H.pylori* podem resultar do stress oxidativo. Estudos in vitro demonstraram que as células com mecanismos de reparação do ADN deficientes que são infectadas com *H.pylori resultam* em mais stress oxidativo e danos no ADN. [127]Trabalhos in vivo com ratinhos deficientes em parte do mecanismo de reparação por excisão de bases também revelaram lesões gástricas graves após a infeção por *H.pylori*.[112] A capacidade da *H. pylori* para induzir quebras na cadeia de ADN contribui provavelmente para a instabilidade genómica e pode facilitar a carcinogénese.[128] O NO pode impedir a eliminação das mutações do ADN pela 8-oxoguanina glicosilase. [126] . Estudos demonstraram um aumento da fosfo-histona H2AX, um marcador da reparação de quebras de cadeia dupla de ADN, após a infeção por *H.pylori*. [126]

Butcher et al propõem (Figura 1) que os ERO causam danos no ADN na sequência da acumulação de 8- hidroxi-20deoxiguanosina. A perda de uma base após o dano resultaria num local abásico que poderia levar a uma quebra de cadeia simples no ADN. A falta de reparação ou os danos continuados podem induzir quebras de cadeia dupla no ADN, embora as cadeias de ADN possam ser induzidas por outros meios. [112] .

A inibição dos sistemas de reparação por excisão de bases e de reparação de incompatibilidades durante a infeção permite a ocorrência de transformação celular. As células AGS expressam uma diminuição da expressão do ARN mensageiro da endonuclease apurínica/apirimidínica 1 (APE1), o que torna as células menos capazes de reparar as mutações do ADN e pode resultar num aumento da instabilidade genómica[129] .

A APE1 é uma molécula multifuncional que repara o ADN danificado através do seu terminal carboxi, enquanto o seu terminal amino regula a transcrição [112] .

As primeiras experiências de clonagem descobriram que a APE1 é o ortólogo do Xth de Escherichia coli em mamíferos e uma enzima de reparação do ADN. Estes primeiros estudos identificaram a APE1 como uma molécula para avaliar a instabilidade genómica. [112]Pouco depois de ser identificada como uma enzima de reparação do ADN, a APE1 foi também identificada como uma proteína redox. [112] .

Um estudo recente demonstrou a capacidade da APE1 para regular os ROS epiteliais através de Rac1 e Nox1 após a infeção por *H.pylori*[118] . Foi demonstrado que a APE1 diminui a expressão de Nox1 e interage com Rac1 para impedir a formação do complexo NADPH oxidase, limitando assim a produção de ROS. Se esta molécula multifuncional estiver comprometida, tanto o circuito de feedback para controlar as ERO como a reparação do ADN são incapazes de conter os efeitos negativos da infeção por *H.pylori*, que podem contribuir para o cancro gástrico. São necessários mais estudos, especialmente in vivo, para avaliar os efeitos protectores da APE1 contra os danos no ADN, uma vez que a capacidade das células para manter a integridade genómica é fundamental para prevenir a carcinogénese.

Outra fonte de danos nas células epiteliais durante a infeção por *H.pylori* é a espermina oxidase, que é uma enzima na via de produção de espermidina [130].

Durante este processo, também é produzido H2O2, que resulta na despolarização da membrana mitocondrial, activando assim a apoptose mediada pela caspase [112, 126] .

Estudos demonstraram que um aumento da espermina oxidase está correlacionado com um aumento dos danos no ADN. Além disso, o aumento da apoptose pode resultar num aumento da proliferação na área localizada, o que também pode contribuir para a carcinogénese gástrica. [112]O fator de crescimento transformador-b1 (TGF-b1) é uma citocina multifuncional conhecida por regular a proliferação e a diferenciação celular, entre outros processos celulares, e está envolvida na regulação da resposta imunitária[112] .

Estudos demonstraram que a gravidade da gastrite pode ser correlacionada com o aumento da expressão de TGF-b1 e que as amostras de biopsia da mucosa gástrica infectadas com H. pylori têm uma maior expressão do gene TGF-b1 em comparação com amostras não infectadas [112].

Embora a sobre-expressão do TGF-b possa estar correlacionada com um aumento da resposta imunitária, a sua subexpressão também é prejudicial na infeção por *H.pylori*. Quando o TGF-b é suprimido, é incapaz de impedir a libertação de H2O2 dos macrófagos, o que resulta numa explosão respiratória descontrolada.58 Além disso, o TGF-b estimula a indução de células Treg Foxp3^ que inibem a ativação dos linfócitos e favorecem a persistência da infeção por *H.pylori* e os resultados nocivos [112].

Um estudo recente mostrou que o TGF-b1 induzido pela infeção por *H.pylori* resulta na ativação da via de transição epitelial-mesenquimal e no desenvolvimento de células estaminais do cancro gástrico [131].

Uma melhor compreensão das interacções entre as ROS e o TGF-b ajudará a clarificar a sua contribuição para a carcinogénese. Os modelos animais podem ser úteis para avaliar a infeção na complexidade de um organismo vivo. Estudos anteriores utilizaram o modelo do ratinho Big Blue para avaliar os danos no ADN causados pela infeção por Helicobacter, uma vez que este modelo permite a remoção de um vetor lambda para medir as mutações.

Estes estudos demonstraram um aumento das mutações genéticas pontuais, indicando que o stress oxidativo ocorre logo aos 6 meses após a infeção. A infeção também foi correlacionada com hiperplasia, infiltração de neutrófilos e mutação do p53 [112].

Um estudo adicional também demonstrou o aumento das mutações pontuais resultantes do stress oxidativo, juntamente com lesões gástricas e uma resposta imunitária pró-inflamatória após a infeção[132]. Estes estudos sugerem que a infeção a longo prazo com

Helicobacter pode resultar numa resposta imunitária pró-inflamatória juntamente com stress oxidativo, o que pode contribuir para a neoplasia gástrica.

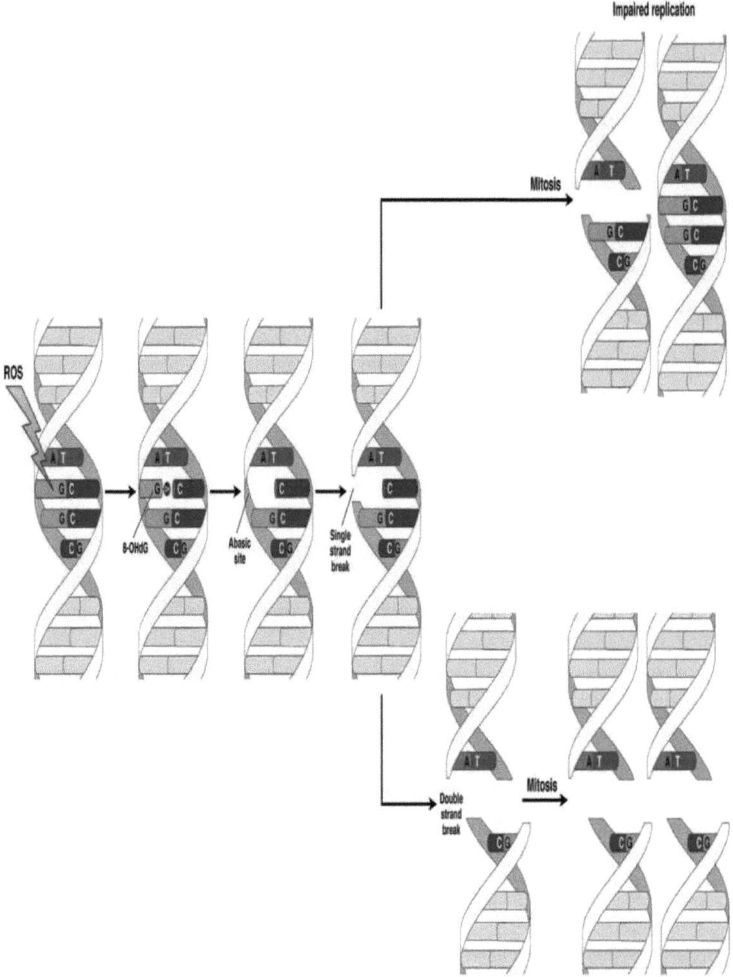

Figura 1. O stress oxidativo pode resultar em danos no ADN. As ERO produzidas durante a infeção por *H.pylori* podem causar danos no ADN. A oxidação do ADN ocorre frequentemente na desoxiguanosina, resultando em 8-hidroxi-20deoxiguanosina (8-OHdG). Esta base pode então ser perdida como resultado do dano, causando um sítio abásico. Este local abásico produz uma quebra de cadeia simples no ADN se não for reparado. As quebras de cadeia dupla podem desenvolver-se a partir de quebras de cadeia simples ou de outras fontes, tais como produtos químicos ou forquilhas de replicação colapsadas. Tanto as quebras de cadeia simples como as de cadeia dupla podem aumentar a instabilidade cromossómica e levar a erros durante a replicação que podem aumentar as hipóteses de formação de um tumor[112] .

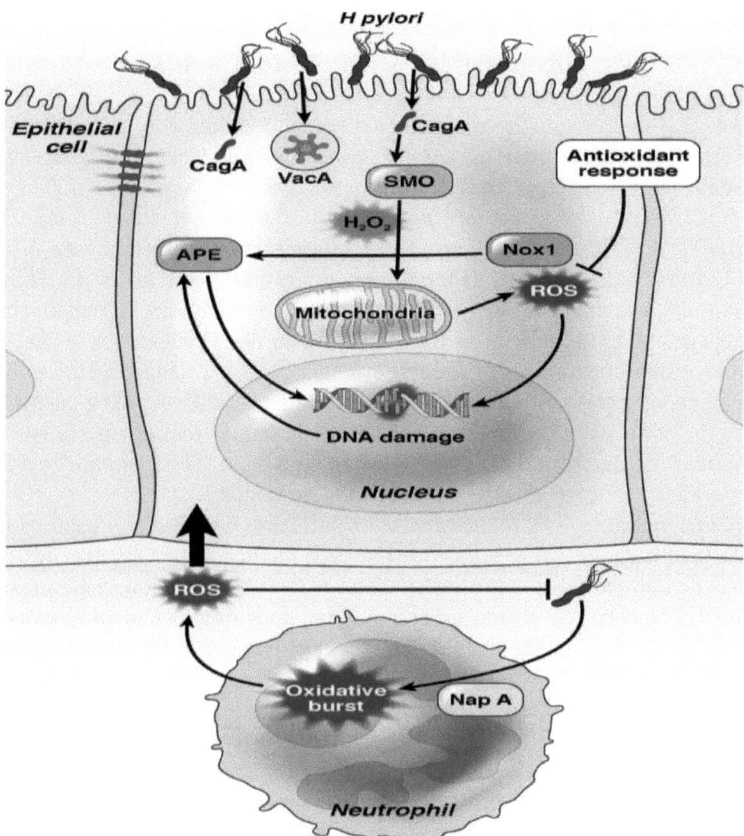

Figura 2. A infeção por *H.pylori* leva ao stress oxidativo. A infeção por *H.pylori* resulta na produção de ROS pelas células imunitárias e epiteliais, numa tentativa de matar a bactéria. Os factores de virulência da *H.pylori*, como o CagA, são injectados na célula epitelial, enquanto o VacA é segregado da bactéria e aprisionado numa vesícula intracelular. Os factores de virulência desencadeiam múltiplas respostas celulares, incluindo a produção de ROS intrínsecos. As ROS resultam em danos no ADN das células epiteliais, activando a APE1, que depois se transloca para o núcleo para regular a transcrição dos genes e tentar reparar o ADN. A espermina oxidase (SMO) também é activada e resulta em danos no ADN, para além de atuar na membrana das mitocôndrias. As células imunitárias recrutadas para a zona pelos factores de virulência, incluindo o NapA, libertam ROS extrínsecas numa tentativa de eliminar a infeção, o que resulta em mais danos na zona [112].

Capítulo 4
Microscopia e crescimento de *H. pylori*
Espécimes para cultura de *H. pylori*

O H.pylori é o microrganismo mais frequentemente encontrado na mucosa gástrica humana em associação com as células epiteliais gástricas, mas também foram encontradas outras bactérias curvas na mucosa gástrica humana: *C.jejuni_* subsp. *doylei* (GCLO-2), *"Helicobacter heilmannii"* (*"Gastrospirillum hominis,"* *"H. germanium"*), e *H.* felis [5]. Alguns destes microrganismos podem ser difíceis de distinguir através de métodos laboratoriais de rotina. Para além do *H.pylori*, o *"H.heilmannii"* é a bactéria mais comum na mucosa gástrica humana, com uma prevalência de até 0,5% em doentes dispépticos na Europa Ocidental. A *"H.heilmannii"* encontra-se normalmente nas fóveas associadas a gastrite crónica ligeira, enquanto a *H.pylori* se encontra normalmente no epitélio de superfície associado a gastrite grave. O contacto com as células epiteliais é geralmente mais superficial para o *"H.heilmannii"* do que para o *H.pylori*. Ocasionalmente, o *"H.heilmannii"* e o *H.pylori* são encontrados simultaneamente [5] **Espécimes gástricos**

A H.pylori encontra-se mais regularmente na parte antral da mucosa gástrica humana de pessoas não tratadas. Em pessoas tratadas com medicamentos supressores de ácido (inibidores da bomba de protões e antagonistas H2), *o H.pylori* pode estar presente em maior número no corpo do estômago. *O H.pylori* é mais frequentemente encontrado no antro gástrico do que em biopsias duodenais, mesmo em pessoas com duodenite e úlcera duodenal (cerca de 50%). *O H.pylori* só pode ser cultivado a partir do suco gástrico em cerca de 15% das pessoas com *H.pylori* cultivado a partir do antro gástrico e em menos de 50% das biopsias esofágicas de pessoas com esofagite não tratadas, embora *o H.pylori* possa ser cultivado a partir do antro gástrico[5]Assim, é sempre importante obter biópsias antrais, bem como biópsias do corpo gástrico de pessoas recentemente tratadas com fármacos supressores de ácido, enquanto as biópsias duodenais e esofágicas e o suco gástrico são de menor importância para o diagnóstico de rotina, mas podem ser úteis para o diagnóstico por PCR [133] e para fins especiais de investigação. O número de biopsias necessárias para diagnosticar a *H. pylori* por cultura foi estimado num estudo em que mais de 95% da *H. pylori* foi cultivada a partir de uma biopsia antral. Para obter resultados óptimos, devem ser cultivadas pelo menos quatro biopsias[134]. É geralmente aceite, de acordo com a classificação modificada de Sydney da gastrite[5]é geralmente aceite que, de acordo com a classificação modificada de Sydney da gastrite, devem ser efectuadas pelo menos uma biopsia do antro e duas biopsias do corpo para cultura, de modo a garantir um diagnóstico suficiente.

Espécimes extra-gástricos

O H.pylori foi ocasionalmente cultivado a partir de mucosa gástrica ectópica no divertículo de Meckel, esófago, reto, bexiga urinária, placa dentária e fezes.[5]Recentemente, *a H.pylori* também foi detectada por PCR em amostras da vesícula biliar e do fígado [135]. *A H.pylori foi identificada* principalmente por PCR na placa dentária, em amostras de fígado e em amostras fecais. Devem ser efectuadas biópsias de locais com metaplasia gástrica e placa dentária ou crista gengival. Não foram efectuados estudos sistemáticos para recomendar os locais de amostragem ideais para infecções extra-gástricas por *H.pylori*. Várias *espécies de* Helicobacter e *Campylobacter* são alojadas na boca e no intestino. A identificação microbiológica confirmada por cultura é preferível para assegurar o diagnóstico bacteriológico de isolados destes locais, pelo menos até que os métodos de biologia molecular tenham sido melhor avaliados do que são atualmente.

Deteção microbiológica de *H. pylori*

Microscopia primária de organismos do tipo Helicobacter

A microscopia de esfregaços corados com gram ou imprint de biópsias gástricas revela bastonetes gramnegativos curvos semelhantes a *Helicobacter* em 60 a 100% das biópsias positivas para cultura[5]. O "*H.heilmannii*" e *o H.felis* são fáceis de distinguir do *H.pylori* por microscopia devido à forma de saca-rolhas longo do "*H.heilmannii*" e do *H*.felis. [5]Nos esfregaços, os organismos semelhantes a Helicobacter são normalmente vistos distribuídos de forma irregular em grupos ou filas ao longo das células do epitélio. A presença de leucócitos polimorfonucleares nem sempre é uma caraterística dominante nos esfregaços. A microscopia de contraste de fase [5] e outros métodos de coloração, como a coloração com prata e laranja de acridina, foram descritos. A probabilidade de deteção de *H. pylori* por microscopia pode ser aumentada através da utilização de imunofluorescência específica ou de anticorpos conjugados com peroxidase para *H. pylori*.

A atmosfera para a cultura de *H. pylori*

Em geral, as culturas primárias de *H.pylori* são menos tolerantes ao oxigénio do que a maioria das *espécies de Campylobacter*, com um máximo de crescimento a 3 a 7% de O_2 . *O H.pylori* é normalmente cultivado em frascos com kits de geração de gás ou numa atmosfera microaeróbia padrão, em incubadoras de CO_2 ou em câmaras anaeróbias com uma atmosfera microaeróbia. A maioria dos estudos com atmosferas padronizadas para a cultura de *H.pylori* utilizou 2 a 5% de O_2, 5 a 10% (o ideal é mais próximo de 10%) de CO_2 e 0 a 10% de H_2 [5].

As estirpes de *H.pylori* são variáveis na sua resposta de crescimento a diferentes condições de cultura. As subculturas de *H.pylori* podem ser rapidamente adaptadas para crescerem anaerobicamente ou numa mistura padrão de CO_2 (18% O_2, 10% CO_2) numa incubadora, mesmo em condições aeróbicas [136].

Meios não selectivos e selectivos para o cultivo de *H. pylori*

A H.pylori pode desenvolver-se em diferentes meios sólidos contendo sangue ou produtos sanguíneos (placas de ágar sangue ou sangue lisado). A maioria dos estudos utilizou ágar Brucella ou ágar Columbia como base de ágar. Uma quantidade de 7 a 10% de sangue melhora o crescimento da *H.pylori* em comparação com 5% de sangue. O sangue de cavalo também pode melhorar o crescimento da *H. pylori* em comparação com o sangue de ovelha [5]O suplemento de ágar com ciclodextrina B pode ser utilizado para meios de cultura sem sangue para a *H. pylori*, mas com grandes diferenças entre os diferentes lotes de ciclodextrina [137]. O ágar de emulsão de gema de ovo também foi descrito como um meio isento de sangue para o crescimento de *H*. pylori. [5].

Muitas vezes, *a H. pylori* cresce mal ou não cresce de todo em meios selectivos que contêm antibióticos. Os meios selectivos Skirrows e Dents parecem ser os melhores meios selectivos comerciais disponíveis e foram utilizados em vários estudos [5]Parece haver maiores diferenças entre o ágar sangue de cavalo e de ovelha, a favor do sangue de cavalo, do que entre o ágar sangue de cavalo com e sem antibióticos. [5].

Normalmente, *a H.pylori* cresce lentamente em meios líquidos, com a formação de um elevado número de formas cocóides [5]Os microrganismos contaminantes (estafilococos, leveduras, etc.) crescem normalmente muito mais depressa do que *o H.pylori* e tornam os meios líquidos inúteis para a cultura primária de biopsias. Devido ao risco de contaminação das amostras, recomenda-se geralmente um meio seletivo para além dos meios não selectivos para a cultura de rotina.

Características bioquímicas

As Helicobacter são quimioorganotróficas e apresentam um tipo de metabolismo respiratório. São asacarolíticas quando o catabolismo do açúcar é examinado por métodos padrão (nem oxidação nem fermentação são observadas). No entanto, estudos indicaram que a oxidação da glucose ocorre pelo menos em H. pylori [1]. A via glicólise-gluconeogénese constitui provavelmente o principal meio de produção de energia, bem como o ponto de partida para muitas vias biossintéticas. A via de Entner-Doudoroff, a derivação das pentoses fosfato e o ciclo do ácido tricarboxílico estão, pelo menos, parcialmente presentes; a derivação do glioxilato está ausente [41, 138].

A gelatina, o amido, a caseína e a tirosina não são hidrolisados. Os Helicobacter são vermelho de metilo e Voges-Proskauer negativos. A atividade oxidase está presente em todas as espécies. As estirpes da maioria das espécies produzem catalase. Muitas espécies produzem urease, fosfatase alcalina ou ambas. Não há produção de pigmentos. [1].

Transporte e manuseamento de biópsias para cultura de *H. pylori*

Alguns estudos demonstraram que se obtém uma cultura suficiente de *H. pylori* após o transporte das biopsias num meio como o meio de transporte Stuarts durante um máximo de 24 horas a baixa temperatura (cerca de 4°C), ao passo que uma temperatura mais elevada (cerca de 20°C) diminui significativamente o número de culturas positivas. [5]A nossa experiência mostra, no entanto, que existe uma concordância superior a 95% entre a cultura e a deteção histológica de *H.pylori* quando as biópsias são inoculadas em placas de ágar no prazo de 4 horas após a sua colheita [5].

O H.pylori só foi cultivado em cerca de 80% das biopsias com organismos semelhantes a Helicobacter detectados em secções histológicas num estudo com condições de cultura semelhantes, mas com um tempo de transporte das biopsias até 24 horas. [139]Assim, verificou-se uma diminuição da taxa de cultura de cerca de 15% quando as biópsias foram transportadas ou armazenadas durante a noite. Um tempo de transporte longo diminui o número de *H.pylori,* especialmente após a terapia antibiótica, e se o número de bactérias for baixo, a cultura pode tornar-se falso-negativa. Este rendimento pode ser melhorado através de uma incubação prolongada, até 12 dias.

Os dados supramencionados baseiam-se na cultura de biópsias não homogeneizadas através da inoculação das biópsias ou das placas de ágar e da subsequente disseminação do material por fases, utilizando a técnica convencional. Foi proposto que a trituração das biopsias 10 a 15 s antes da cultura aumentasse o número de colónias de *H. pylori* e melhorasse o isolamento de *H. pylori*. **Identificação da *H. pylori***

As colónias de *H.pylori* são pequenas (0,5 a 2 mm), translúcidas a amareladas em ágar sangue de cavalo lisado a 7% e com colónias translúcidas a cinzentas pálidas de 0,5 a 1 mm de tamanho em ágar sangue. Em culturas muito jovens, *a H.pylori* pode aparecer como bastonetes quase rectos à microscopia. Após 3 a 5 dias de incubação, as bactérias têm um aspeto pleomórfico, com bastonetes curvos irregulares, sendo vários em forma de U. Em culturas antigas, a *H.pylori* aparece como formas cocóides degenerativas. Devido ao seu pequeno tamanho, as colónias de *H.pylori* podem ser difíceis de identificar e isolar quando existem poucas colónias e está presente microbiota oral contaminante adicional. Alguns microrganismos contaminantes podem crescer como pequenas colónias, mas normalmente diferem da *H.pylori* na cor [5].

Bioquimicamente, a *H.pylori* está intimamente relacionada com as *espécies Campylobacter, Arcobacter* e *Wollinella*, mas também se assemelha às espécies *Bacteroides, Thiovulum* e *Selenomonas*. Todas se caracterizam por serem bastonetes gram-negativos capazes de crescer microaerobicamente ou anaerobicamente. Os bastonetes podem ser mais ou menos curvos, dependendo das condições de crescimento. Existem dados contraditórios na literatura sobre a reação de nitrito e nitrato da *H.pylori*. A reação da urease é uma reação chave na identificação das *espécies de Helicobacter*, mas algumas estirpes de *Campylobacter lari* (UPTC) são positivas para a urease e pelo menos uma é negativa para a urease. Várias *espécies de Helicobacter* são bastonetes curvos gram-negativos móveis que são positivos para oxidase, catalase e urease, pelo que pode ser necessário realizar perfis proteicos ou análises genómicas para garantir a identificação correcta[5].

Deteção de *H. pylori* em amostras extra-gástricas por métodos de cultura e genómicos

Nos últimos anos, foram descobertas várias espécies novas, principalmente isoladas de animais. Apenas a *H.pylori* e a "*H. heilmannii*" foram reconhecidas regularmente na mucosa gástrica humana. *O H.pylori* também foi detectado em vários locais extragástricos. As culturas bem sucedidas foram principalmente associadas a achados de metaplasia gástrica no esófago, no divertículo de Meckel e no reto, enquanto num caso *o H.pylori* não pôde ser cultivado a partir da vesícula biliar com metaplasia gástrica. [5]Ocasionalmente, *o H. pylori* foi cultivado a partir de amostras de placa dentária e de fezes. Os métodos de cultura utilizados nestes casos foram semelhantes aos descritos anteriormente neste capítulo. A deteção de *H.pylori* extragástrico a partir de placa dentária, amostras fecais, placas ateroscleróticas e fígado foi conseguida principalmente por métodos genómicos e serologia[5].

Transformação e sobrevivência de *H.pylori*

Factores responsáveis pela sobrevivência de *H.pylori* em cultura

A conversão e a alteração morfológica da *H.pylori* em forma de espiral em formas cocóides são conseguidas de várias formas: (i) por privação de nutrientes, (ii) por exposição a medicamentos anti-úlcera e antibióticos, (iii) por incubação prolongada, (iv) por ajuste do pH e (v) por fixação ao epitélio gástrico [5]Podem ser observadas alterações na morfologia da *H.pylori* em cultura em placas de ágar ao longo do tempo: após 3 dias predominavam as formas em espiral, após 6 dias cerca de metade das bactérias tinham-se convertido em formas em U ou cocóides e após 10 dias apenas podem ser encontradas formas cocóides [5]. As alterações morfológicas são induzidas mais rapidamente com a exposição a circunstâncias ambientais prejudiciais [140, 141].

Transformação de *H.pylori* de bastonetes em cocóides

A forma espiralada da *H. pylori* é um bastonete curvo com 2 a 4 ^m de comprimento e 0,5 a 0,8 ^m de largura e possui um a sete flagelos com bainha, originários de um pólo, com uma membrana polar caraterística. [5]Quando as formas em espiral da *H. pylori* se transformam em formas cocóides in vitro, inicia-se uma forma C ou U através do crescimento do periplasma num local da bactéria. As formas cocóides in vitro e in vivo da *H. pylori* variam em tamanho, desde 1 a 2 ^m de diâmetro para organismos com corpos citoplasmáticos densos até 3 a 4 ^m de diâmetro para organismos com citoplasma menos denso. [5]As fases iniciais das formas cocóides preservaram a membrana polar, os flagelos e a motilidade característicos das formas espiraladas [5]As formas cocóides com três meses de idade têm uma parede celular completa, membrana celular e citoplasma [5].

As formas cocóides de *H.pylori* são capazes de manter um metabolismo oxidativo ao mesmo nível que as formas em espiral durante vários meses. Continua por determinar se este metabolismo dos cocóides representa viabilidade ou um "saco" inviável de enzimas [5].

A preservação da atividade metabólica é apoiada por um nível baixo mas constante de ATP durante um período de 1 mês e pela presença de polifosfatos como fonte de fósforo e de energia que permitem um certo metabolismo endógeno [5]. O teor de proteínas apenas se altera ligeiramente, enquanto o teor de lípidos se altera consideravelmente após a transformação em cocóide [5]. As formas cocóides de *H.pylori* cultivadas em meio sólido durante 4 semanas perderam a sua atividade de urease e a atividade metabólica de algumas enzimas (leucina arilamidase, naftol-SA-ip-fosfohidrolase) foi reduzida, enquanto as actividades metabólicas de outras enzimas (fosfatase alcalina e ácida) se mantiveram inalteradas [142]. Os genes que codificam a subunidade C da urease e uma proteína de 26 kDa foram detectados inalterados por PCR, apesar de a atividade da urease se ter perdido, o que indica a vitalidade das formas cocóides. [142]Isto é confirmado pelo facto de as formas cocóides de *H.pylori* poderem ser detectadas através da coloração com laranja de acridina [143]. Foi detectado ADN recém-sintetizado através da incorporação de bromodeoxiuridina em formas cocóides de *H.pylori* com 3 meses de idade. *(21)* .

Viabilidade e recrescimento de *H. pylori a* partir de formas cocóides

As formas cocóides de <u>H.p</u>ylori não são normalmente cultiváveis e são difíceis de estudar (5). Foram efectuadas tentativas para documentar o significado biológico e a viabilidade das formas cocóides de *H.pylori in* vitro em culturas de células e in vivo em modelos animais.

Em culturas celulares, o contacto inicial e a fixação da <u>H.pylori</u> às células epiteliais gástricas humanas ocorrem rapidamente, muitas vezes em minutos, na extremidade aflagelada da bactéria. A transformação em formas cocóides é comum após a fixação ou internalização da bactéria [62]. *A H. pylori* não se multiplica intracelularmente e muitas das formas cocóides que são encontradas algumas horas após a absorção são formas degenerativas [62]As formas cocóides de *H.pylori* aderem às células Kato III em cultura e às células do carcinoma gástrico humano e provocam alterações morfológicas semelhantes às das formas em espiral [62, 143]O rearranjo da actina ocorre diretamente sob o local de fixação da *H. pylori*, formando uma estrutura condensada fina concêntrica à bactéria. A *H.pylori* cocóide parece induzir uma resposta citoesquelética mais precoce e mais forte do que as formas em espiral. [62]As formas cocóides de *H.pylori* aderem aos mesmos componentes que as formas espirais e também contêm aglutininas de superfície celular e proteínas de ligação ao sulfato de heparano. [5]Em ratinhos, as formas cocóides de *H.pylori* colonizam o estômago, induzem inflamação e provocam uma resposta imunitária humoral semelhante à das formas espiraladas. [5]A resposta inflamatória pode ser semelhante à de uma imunização passiva com organismos mortos, mas *o H.pylori* pode ser cultivado no estômago de ratinhos 1, 2 e 4 semanas após a inoculação com as formas cocóides do *H*.pylori [5]. *O H.pylori* cultivado em meios líquidos durante 20 dias formou cocóides que não eram cultiváveis em meios sólidos mas que, após inoculação em ratinhos, podiam ser isolados do estômago murino. Em leitões gnotobióticos, os mutantes urease-negativos de *H.pylori* são incapazes de colonizar a mucosa gástrica e as estirpes não móveis ou fracamente móveis de *H. pylori* são menos virulentas e colonizam a mucosa gástrica em menor grau do que as estirpes móveis [5].

O H.pylori pode ser encontrado livre na camada de mucina ou ligado às células epiteliais gástricas no estômago humano, onde induz alterações na arquitetura das células epiteliais: pedestais de adesão, locais de indentação, adesão de encosto, fusões ou condensações de membrana, vacuolação e internalização. [5]A degeneração epitelial está presente quando mais de 20% das bactérias formaram sítios de adesão [5]. As células epiteliais da mucosa foram encontradas em maior número na vizinhança da fixação de formas cocóides [24]. A degenerescência é reconhecida histologicamente por margens citoplasmáticas irregulares, um rácio nucleocitoplasmático elevado e um amontoado de células para formar massas semelhantes a sincistium. Nas crianças, verificou-se que as formas cocóides de *H.pylori* estão estreitamente associadas a células mucosas danificadas, enquanto as formas espiraladas foram encontradas na proximidade de células inalteradas ou menos danificadas [144]. As formas cocóides de *H.pylori* são encontradas mais frequentemente e em maior número na mucosa gástrica de doentes com cancro gástrico do que em doentes com úlcera péptica [102, 145].

Capítulo 5
Fonte de infeção

Vários estudos propuseram que a aquisição da *H.pylori* _ ocorre através de uma fonte ambiental comum. Em particular, os animais e a água têm sido implicados como fontes potenciais de infeção.

Os animais como fonte potencial de *H. pylori*

A possibilidade de *a H.pylori* poder ser uma zoonose surgiu pela primeira vez após a publicação de dois estudos sero-epidemiológicos que demonstraram que a prevalência da infeção por *H.pylori* em trabalhadores de matadouros e de carnes estava significativamente aumentada em comparação com a prevalência em indivíduos não envolvidos na manipulação de animais ou de produtos de origem animal [146, 147]. Estes resultados foram posteriormente questionados e sugere-se agora que o aumento da prevalência nestes trabalhadores pode ter resultado da reatividade cruzada entre *o H.pylori* e os anticorpos de outros organismos gastrointestinais, como o *Campylobacter* jejuni [148]. Embora tenha sido demonstrado que tanto os suínos isentos de germes como os isentos de agentes patogénicos específicos podem ser experimentalmente colonizados com *H.pylori* , as tentativas de identificar *H.pylori* em suínos de matadouro com técnicas serológicas e culturais falharam [148]. Dore et al. relataram uma associação positiva entre a prevalência de *H.pylori* em pastores da Sardenha e o contacto com ovelhas e cães pastores [149]. Neste estudo, 98% dos pastores estavam infectados com *H.pylori* , uma prevalência significativamente mais elevada do que a dos seus familiares que não tinham contacto regular com ovelhas (73%) e dadores de sangue (43%). Estes autores concluíram que "o ciclo da infeção por *H.pylori* pode, em certas circunstâncias, incluir fases no ambiente, nos animais (ovelhas ou cães) e nos seres humanos" [149]. A recuperação subsequente do *H.pylori* no leite de ovelha levou Dore et al. a sugerir que as ovelhas podem ser o hospedeiro ancestral do *H.*pylori [150].

Embora vários grupos tenham relatado o isolamento de *H.pylori* em macacos rhesus, dada a rara associação entre humanos e macacos, é duvidoso que estes representem um reservatório importante de infeção por *H.pylori* [148].

Os estudos seroepidemiológicos que examinaram a relação entre a posse de animais de companhia e a prevalência de *H.pylori* não conseguiram, em geral, confirmar essa relação [148]. O isolamento de *H.pylori* dos estômagos de uma colónia inteira de gatos sem agentes patogénicos levou Handt et al. a sugerir que os gatos poderiam representar um reservatório importante de *H.*pylori [151]. A validade desta conclusão é, no entanto, questionável, dado que estes gatos eram criados comercialmente e tinham sido mantidos em isolamento.

Embora dois estudos tenham afirmado que a mosca doméstica pode constituir um vetor para a transmissão da *H.*pylori [148]a constatação de que *o H.pylori* não pode ser recuperado de moscas domésticas alimentadas com fezes humanas, quer naturalmente infectadas quer artificialmente infectadas com *H.pylori,* sugere que a mosca doméstica não é um vetor de transmissão nem um reservatório para o *H.*pylori [152].

A água como fonte potencial de *H.pylori*

Um dos primeiros relatórios a sugerir que a água potável pode ser uma fonte de infeção por *H.pylori* foi publicado por Klein et al., que demonstraram que as crianças peruanas cujas casas tinham um abastecimento de água externo tinham três vezes mais probabilidades de serem infectadas com *H.pylori* do que as crianças cujas casas tinham uma fonte de água interna [148]. Embora nessa altura as tentativas de cultura de *H.pylori* *a* partir de amostras de água não tenham sido bem sucedidas, num estudo posterior Hulten et al. detectaram ADN de *H.pylori* em amostras de água potável recolhidas nas mesmas áreas [140]. Na Colômbia, a aquisição da infeção por *H.pylori* em crianças tem sido associada ao facto de nadarem mais de uma vez por ano em rios, ribeiros e piscinas e de beberem água de ribeiros [153]. Também na América do Sul, Hopkins et al. verificaram que as crianças chilenas que consumiam vegetais não cozinhados contaminados com água contendo esgotos brutos tinham uma prevalência aumentada de infeção por *H.pylori*. Esta associação, no entanto, só foi demonstrada em crianças com mais de 5 anos de idade, o que levou os autores a concluírem que podem ser considerados factores de confusão desconhecidos [154]. Curiosamente, no seu estudo colombiano, Goodman et al. verificaram que as crianças que comiam frequentemente vegetais crus tinham uma maior probabilidade de serem infectadas, embora isto estivesse no limite da significância [153].

Em contraste com estes estudos na América do Sul, os estudos seroepidemiológicos no sul da China não conseguiram apoiar a crença de que a água é importante na disseminação do *H.pylori;* não foi encontrada qualquer associação entre a fonte de água e a prevalência da infeção por *H.pylori*. De facto, nesta comunidade, apesar do facto de a maioria dos indivíduos ferver a água antes de a consumir, a prevalência da infeção por *H.pylori* é elevada (45%) [148].

Estudos efectuados na Coreia e no Bangladesh também não encontraram qualquer associação entre a infeção por *H.pylori* e uma determinada fonte de água. [148]A presença de ADN específico da *H. pylori* em fontes de água ambientais foi registada em vários estudos [148]. Por exemplo, num estudo recente que utilizou iniciadores com base na região conservada de *ureH*, Sasaki et al. registaram a presença de ADN específico da *H. pylori* em poços, nascentes, rios e lagos, mas não na água da torneira de uma região do Japão [148]. Num segundo estudo ambiental sobre o abastecimento de água realizado na Suécia, Hulten et al., utilizando dois primers diferentes para os seus ensaios de PCR (adesina e 16S rRNA), mostraram que 9 de 24 poços privados, 3 de 25 fontes municipais de água da torneira e 3 de 25 amostras de águas residuais eram positivas por PCR para o ADN da *H.pylori* . Embora estes estudos possam, de alguma forma, apoiar a presença de *H.pylori* na água, há dois factores importantes que devem ser considerados; em primeiro lugar, a deteção de ADN de *H.pylori* não indica células viáveis e, em segundo lugar, a especificidade da PCR em ambientes onde possam estar presentes *Helicobacter spp.* ainda não descobertas é desconhecida[148].

As tentativas de cultura de *H.pylori* a partir de amostras de água revelaram-se infrutíferas. Foi sugerido que este insucesso pode estar relacionado com o facto de que quando *o H.pylori* é exposto a condições ambientais adversas, o organismo assume uma forma cocóide viável mas não cultivável [148]. No entanto, existe controvérsia quanto ao facto de estas formas cocóides de *H.pylori* existirem numa forma viável e, por conseguinte, serem importantes na transmissão. [148] Embora os primeiros estudos tenham referido que as formas cocóides não cultiváveis de *H.pylori* são metabolicamente activas, estudos mais recentes sugerem que as formas cocóides não são formas dormentes viáveis, mas representam fases iniciais da morte bacteriana [148]. Em conclusão, portanto, apesar de uma extensa procura de uma fonte ambiental de *H.pylori*, não foi demonstrada a existência de reservatórios significativos fora do estômago humano. Esta conclusão talvez não seja surpreendente, dado que a análise da sequência do genoma da *H.pylori* mostra que esta bactéria não possui o conjunto completo de enzimas necessárias para um metabolismo exclusivamente aeróbio ou anaeróbio [41] e, por conseguinte, a sua capacidade de sobreviver no ambiente natural parece menos provável.

Transmissão da *H. pylori*

A incapacidade de isolar consistentemente *a H.pylori* de outros reservatórios que não os humanos sugere que o contacto direto pessoa a pessoa é o modo de transmissão mais provável. A constatação de um aumento da prevalência da infeção por *H. pylori* em indivíduos institucionalizados apoia este ponto de vista e sugere que o contacto pessoal próximo é importante para a propagação da *H. pylori* [148]. A importância do contacto próximo é ainda mais enfatizada pela constatação de que a prevalência da infeção por *H. pylori* está significativamente aumentada nos membros da família de crianças infectadas com *H. pylori* em comparação com a prevalência nos membros da família de crianças não infectadas com *H.* pylori [148]. Estes resultados levaram à ideia de que a transmissão do *H.pylori* ocorre principalmente no contexto familiar. O risco relativo de uma criança ficar infetada com *H.pylori* foi relatado como sendo aproximadamente oito vezes maior se a mãe estiver infetada e aproximadamente quatro vezes maior se o pai estiver infetado[148].

O papel fundamental das mães infectadas na transmissão do *H.pylori* nas famílias foi recentemente confirmado por Malaty et al., que monitorizaram as alterações longitudinais do estado *do H.pylori* em 46 famílias japonesas com filhos e 48 casais japoneses sem filhos. Este estudo mostrou que o risco relativo de as crianças com mães *H.pylori* positivas adquirirem a infeção era 5,3 vezes superior ao das crianças cujas mães eram *H.pylori* negativas. Confirmando a importância da transmissão adulto-criança, a seroconversão só ocorreu entre as crianças que viviam com mães positivas para *H.pylori* durante o período do estudo [155]. A descoberta, numa série de estudos, de estirpes idênticas de *H.pylori* em membros da família apoia ainda mais a transmissão intrafamiliar [148].

Embora a maioria dos estudos apoie a transmissão interfamiliar, um estudo de caso-controlo realizado em famílias do Bangladesh indicou que a prevalência da infeção nos pais de crianças positivas para *H. pylori* é a mesma que nas crianças negativas para *H. pylori*. Este resultado pode indicar que, em alguns países, a fonte da infeção por *H. pylori* pode estar fora da família [156].

Foi também demonstrado que a composição familiar influencia a transmissão do *H.pylori*, tendo sido demonstrado que o risco relativo de infeção aumenta de acordo com o número de irmãos no agregado familiar, sendo os rácios de probabilidades para um, dois, três e quatro a cinco irmãos referidos por Goodman et al. de 1,4, 2,3, 2,6 e 4,3, respetivamente [148]. Este estudo também mostrou que a transmissão da infeção ocorria mais facilmente entre irmãos com idades próximas, sendo a transmissão mais frequente de irmãos mais velhos para irmãos mais novos [148]. A questão de saber se a transmissão ocorre entre cônjuges continua a ser controversa. Embora uma série de estudos iniciais de seroprevalência não tenha encontrado provas que apoiassem essa transmissão [148]um estudo recente de 110 empregados de uma companhia de seguros de saúde e dos seus parceiros mostrou uma forte associação entre o estado de infeção dos parceiros e a infeção (rácio de probabilidades ajustado, 7,0), aumentando o risco de infeção com o número de anos que os cônjuges viveram juntos [157]. Outra evidência que poderia apoiar a transmissão entre cônjuges é a constatação de que um número significativo de casais está infetado com a mesma estirpe de _H_.pylori [148]. Por exemplo, Georgopoulos et al., utilizando ribotipagem para comparar estirpes, descobriram que 8 de 18 casais eram portadores de uma estirpe idêntica de _H.pylori_ , estando os restantes 10 casais do estudo colonizados com estirpes diferentes. Em contraste, Suzuki et al., que utilizaram padrões electroforéticos de polimorfismo de comprimento de fragmentos de restrição por PCR de _ureB_ amplificado para comparar estirpes de _H. pylori_ de 21 casais assintomáticos infectados com _H. pylori_ , encontraram apenas 1 casal com estirpes idênticas [158].

Embora esses estudos possam sugerir que, em alguns casos, a transmissão pode ocorrer entre cônjuges, não se pode excluir a possibilidade de que o transporte da mesma estirpe pelos cônjuges possa ter ocorrido devido ao facto de uma criança infetada por um dos progenitores ter posteriormente infetado o segundo progenitor. De facto, a evidência de que as crianças podem facilitar a propagação da _H.pylori_ provém de vários estudos, alguns dos quais mostram que o número de crianças numa família está associado a um risco acrescido de infeção nos membros adultos da família [148].

Factores que influenciam a transmissão da _H.pylori_ Estatuto socioeconómico

Numerosos estudos realizados em todo o mundo demonstraram que o baixo estatuto socioeconómico está associado a um aumento da prevalência da infeção por _H. pylori_. Em particular, o estatuto socioeconómico de um indivíduo durante a infância é considerado um determinante importante do desenvolvimento da infeção por _H.pylori_ [148].

O papel do estatuto socioeconómico per se é particularmente claro quando se examina a prevalência da infeção por _H.pylori_ em grupos raciais mais pobres que vivem em países desenvolvidos. Por exemplo, num estudo que examinou a relação entre o estatuto socioeconómico na infância e a prevalência de _H.pylori_ em populações afro-americanas e hispânicas residentes nos Estados Unidos, Malaty et al. verificaram que a prevalência da infeção por _H.pylori_ estava inversamente relacionada com a classe social durante a infância, sendo a prevalência da infeção na classe social mais baixa (85%) significativamente mais elevada do que na classe social mais elevada (11%) [159]. A importância do estatuto socioeconómico na infância foi ainda demonstrada num estudo elegante de gémeos monozigóticos criados separadamente e discordantes quanto ao seu estatuto de _H.pylori_ (160). Neste estudo, Malaty e colegas mostraram que os gémeos infectados com _H.pylori_ tinham sido criados em casas com condições socioeconómicas mais pobres do que as dos seus gémeos não afectados [160].

O estatuto socioeconómico é, no entanto, um critério amplo e engloba factores como o nível de higiene, o saneamento, a densidade de vida e as oportunidades de educação, alguns dos quais, ou todos eles, influenciam o nível de infeção numa população.

Os baixos níveis de saneamento têm sido associados a um aumento da prevalência da infeção por *H.pylori* [148]. Em particular, a ausência de água corrente em casa na infância demonstrou ser um fator de risco significativo para a infeção por *H.pylori* [161]. Curiosamente, os soldados irlandeses expostos a más condições de vida e de saneamento durante 6 meses não mostraram alterações significativas na prevalência da infeção por *H.pylori*, uma descoberta que apoia ainda mais a ideia de que a aquisição da infeção ocorre principalmente na infância [148].

Tanto nos países desenvolvidos como nos países em desenvolvimento, a elevada densidade habitacional tem sido consistentemente relacionada com um aumento da prevalência da infeção por *H. pylori*. A importância da sobrelotação na aquisição de *H. pylori* é ainda mais acentuada pela constatação de que a partilha de uma cama na infância está associada a um aumento da prevalência da infeção por *H. pylori* [148].

O nível educacional, também um marcador substituto do estatuto socioeconómico, demonstrou, tanto nos países desenvolvidos como nos países em desenvolvimento, ser um determinante importante da prevalência de *H. pylori* [148]. Por exemplo, num grande estudo sero-epidemiológico que examinou a prevalência da infeção por *H.pylori* em 3.194 indivíduos assintomáticos que viviam em 17 populações diferentes, Forman et al. demonstraram que existe uma relação inversa entre a prevalência da infeção por *H.pylori* e o nível de escolaridade, sendo que 34% dos indivíduos com ensino superior estavam infectados, em comparação com 47% dos indivíduos com ensino secundário e 63% dos indivíduos com apenas o ensino primário [148].

A influência das condições de vida na prevalência da infeção por *H. pylori* é claramente ilustrada em países onde as condições socioeconómicas melhoraram significativamente nas últimas décadas. Por exemplo, no Japão, a queda da prevalência da infeção por *H. pylori* em indivíduos com menos de 40 anos de idade tem sido relacionada com a melhoria significativa da economia japonesa e, consequentemente, das condições de vida, após a Segunda Guerra Mundial [148].

Via de transmissão

É provavelmente verdade que a área mais estudada e certamente a mais controversa da investigação epidemiológica do *H.pylori* atualmente é a via de transmissão do *H.pylori*. Dada a localização da infeção por H. *pylori* e a necessidade básica desta bactéria de mucosa do tipo gástrico para proliferação in vivo, a ingestão parece ser o meio mais provável de adquirir *H. pylori*. No entanto, a questão de saber se *a H. pylori* atinge a cavidade oral através da via gastro-oral, oral-oral ou fecal-oral permanece aberta a conjecturas. Uma das maiores dificuldades na tentativa de cultivar *H.pylori a* partir das fezes ou da cavidade oral é a presença nestes locais da microbiota autóctone. Estas bactérias tendem a crescer muito mais rapidamente do que *a H.pylori* e, por isso, mesmo que *a H.pylori* esteja presente, muitas vezes mascaram a sua presença [140].

Evidência de transmissão gastro-oral

A presença de *H.pylori* no suco gástrico de até 58% dos doentes infectados com *H.pylori* levanta a possibilidade de o suco gástrico refluído poder representar um veículo de transmissão deste organismo. De facto, o contacto direto com secreções gástricas tem sido implicado na prevalência mais elevada de infeção por *H.pylori* registada em gastroenterologistas [148] e nas epidemias de gastrite por *Helicobacter registadas* após experiências de intubação gástrica [11].

A possibilidade de a via gastro-oral poder ser uma importante via de transmissão da *H.*

pylori na infância foi postulada por vários investigadores. Por exemplo, um relatório inicial postulava que a via mais provável de transmissão da *H. pylori* era através das secreções gástricas ou do vómito. Embora nessa altura não existissem provas que apoiassem esta opinião, o vómito e a regurgitação de material gástrico para a boca são bastante comuns na infância e podem representar uma importante via de transmissão[148].

Recentemente, Leung et al. publicaram provas que apoiam o ponto de vista de que a transmissão gastro-oral através de vómito contaminado pode representar um modo importante de transmissão da *H.pylori*, especialmente em crianças. [148]. Neste estudo, quatro crianças que apresentavam vómitos associados a gastroenterite foram serologicamente infectadas com *H.pylori*. Numa destas crianças, o *H.pylori* foi isolado do vómito e em duas outras o ADN do *H.pylori* foi detectado no vómito por PCR. Curiosamente, uma menina de 18 meses de idade, negativa por serologia para *H.pylori* mas na qual foi detectado ADN de *H.pylori* no vómito 6 meses mais tarde, apresentou seroconversão para *H. pylori*. Um estudo recente de Parsonnet et al. (2004) apoia a ideia de que o vómito pode ser um veículo importante na propagação da *H. pylori*. [162] . Neste estudo, *a H.pylori* foi cultivada a partir do vómito de 100% dos indivíduos adultos a quem foi administrado um emético para induzir o vómito. Curiosamente, as amostras de ar recolhidas numa área a 0,3 metros de distância destes indivíduos durante o vómito produziram *H.pylori* em 6 de 16 (37,5%) casos, mas as amostras de ar recolhidas a 1,2 metros de distância dos indivíduos não produziram *H*.pylori [162].

A evidência indireta da importância do vómito na transmissão da *H.pylori* foi também recentemente demonstrada por Luzza et al. [163]. Neste estudo, os irmãos com vómitos e os irmãos de 100 crianças com índice de vómitos foram examinados através do teste respiratório da [^{13}C]ureia para detetar a presença de *H.pylori*. Foi demonstrado que uma elevada taxa de infeção ativa por H.*pylori estava* presente tanto nos irmãos com vómitos (60%) como nos irmãos (67%) de crianças-índice com vómitos infectados por *H.pylori*, tendo sido demonstrado que um historial de vómitos nos irmãos estava positivamente associado à infeção ativa por *H.pylori* nas crianças-índice (rácio de probabilidades multivariadas 2,4) [163].

Evidências a favor e contra a transmissão oral-oral da *H.pylori*

As tentativas de cultura da *H.pylori* a partir da cavidade oral revelaram-se, em muitos casos, infrutíferas. No entanto, houve um número limitado de estudos em que *a H.pylori* foi isolada da placa dentária e da saliva [148]. Num estudo inicial, Krajden et al. isolaram *a H. pylori* da placa dentária de 1 de 29 doentes cujas biopsias ao estômago se revelaram positivas para a *H. pylori* [164]. A comparação das estirpes isoladas do estômago e da placa dentária deste doente com a análise de endonuclease de restrição revelou subsequentemente que uma das três estirpes isoladas da placa dentária era indistinguível da estirpe isolada do estômago [165]. Cellini et al. também relataram o isolamento de *H.pylori* da placa dentária de 1 de 20 pacientes endoscópicos positivos para *H.pylori*. Neste caso, a comparação dos padrões proteicos, bem como do padrão de endonuclease de restrição do *H.pylori* isolado da biopsia do estômago e da placa dentária, mostrou novamente que estes eram idênticos [148]. O isolamento de um número reduzido de H.*pylori* da saliva de um dos nove indivíduos positivos para *H.pylori* foi relatado por Ferguson et al.[166]. Mais uma vez, este grupo demonstrou, utilizando o polimorfismo de comprimento de fragmentos de restrição, que a estirpe de *H. pylori* isolada da saliva era idêntica à do tecido gástrico [166]. Em contraste com a baixa taxa de deteção nos estudos acima referidos, Desai et al. verificaram que *a H.pylori* estava presente na placa dentária de 98% dos doentes dispépticos indianos; contudo, neste estudo, a identificação da *H.pylori* baseou-se apenas no teste da urease. Dada a presença de outros organismos positivos para a urease na boca, é possível que a identificação de isolados como *H.pylori* neste estudo possa ter sido falsa [148]. A possibilidade de identificar falsamente a flora normal da cavidade oral como *H.pylori* foi relatada por Namavar et al., que demonstraram que os organismos isolados da língua e do palato de um doente e considerados fenotipicamente idênticos a *H.pylori* eram, de facto, negativos por uma PCR específica para *H.pylori* [148]. Num estudo importante recentemente publicado por Parsonnet et al., *o H.pylori* foi cultivado com sucesso a partir da saliva de três indivíduos (19%). Após a indução de vómitos nestes indivíduos com um emético, Parsonnet e colegas conseguiram cultivar *H.pylori* de nove (56%) indivíduos [162].

A capacidade de detetar ADN específico da *H.pylori* na cavidade oral tem variado significativamente[148]. Embora vários estudos não tenham conseguido detetar ADN de H.pylori na placa dentária de quaisquer doentes positivos para *H.pylori* [148]Banatvala et al., utilizando uma sequência interna do gene *ureA* (urease) específico da espécie *H.pylori*, demonstraram que 72% das amostras de placa dentária colhidas em 54 pacientes que foram submetidos a endoscopia eram positivas para o ADN da H.*pylori* [148]. Num estudo mais pequeno, Mapstone et al., utilizando uma sonda de 16S rRNA, detectaram ADN de *H.pylori* em 38% das amostras de placa dentária obtidas de 13 doentes positivos para *H.pylori* (148). Utilizando a PCR aninhada, Dowsett et al. detectaram ADN de *H.pylori* em bolsas periodontais, bem como no dorso da língua em 87% dos indivíduos examinados [148]. No entanto, não foi demonstrada qualquer associação entre a profundidade da bolsa periodontal e a deteção de *H.pylori* . A presença de ADN de *H.pylori* na placa subgengival de pacientes com periodontite adulta também foi relatada [148].

Foi sugerido que as diferenças na taxa de deteção de *H.pylori* na cavidade oral com PCR podem estar relacionadas com a especificidade dos primers utilizados. Este ponto pode ser particularmente relevante para um estudo recente de Song et al., que, utilizando "uma PCR altamente sensível e específica", detectou ADN de *H.pylori* na saliva de 55% (23/42) dos doentes e na placa dentária de 97% dos doentes. Dado que apenas 11 destes doentes foram positivos para a presença de *H.pylori* gástrico, Song et al. sugeriram que *o H.pylori* poderia pertencer à microflora oral normal [148]. Embora seja possível que estes resultados estejam correctos, dado que podem existir espécies de *Helicobacter ainda* não descobertas presentes na cavidade oral, pode ser necessária alguma cautela na interpretação destes dados.

Dados epidemiológicos sugerem que vários hábitos culturais podem aumentar a transmissão oral da *H.pylori* . Por exemplo, a pré-mastinação dos alimentos pelas mães africanas antes de alimentarem os seus filhos demonstrou ser um fator de risco para a infeção por *H.pylori* [167]. A utilização de pauzinhos e o ato de comer em conjunto também foram associados à transmissão da *H. pylori* nas comunidades chinesas fora da China. No entanto, num estudo mais recente em indivíduos chineses residentes em

Hong Kong, *a H.pylori* foi raramente detectada nos pauzinhos depois de comer [148].

A constatação de que a prevalência da infeção por *H. pylori* em dentistas ou trabalhadores dentários não aumenta tem sido utilizada para argumentar contra a transmissão oral-oral de *H. pylori* [148].

Evidências a favor e contra a transmissão fecal-oral da *H.pylori*

Embora existam algumas provas de apoio à passagem da *H.pylori* através do intestino, esta bactéria não está bem adaptada a essa passagem. De facto, vários grupos demonstraram que *a H.pylori* é sensível aos efeitos letais da bílis [148]Numa tentativa de examinar o papel da via fecal-oral na transmissão da infeção, vários estudos investigaram a associação entre a prevalência da infeção por *H.pylori* e o vírus da hepatite A, um organismo que se sabe ser transmitido pela via fecal-oral. Num estudo que utilizou soros emparelhados dos mesmos indivíduos, o padrão de prevalência da hepatite A foi comparado com o da *H.pylori* numa população urbana e rural do sul da China. Embora o exame inicial dos dados de seroprevalência das zonas rurais apoiasse uma correlação entre *o H.pylori* e a hepatite A, quando os dados de prevalência da zona urbana foram examinados, tornou-se evidente que não existia tal correlação. Embora nesta zona urbana a prevalência da infeção por *H.pylori* em indivíduos com menos de 10 anos fosse elevada (aproximadamente 32%), nenhum destes indivíduos estava infetado com hepatite A. Como resultado deste estudo, concluiu-se que a disseminação fecal-oral do *H.pylori* na comunidade pode ter uma importância limitada [148]. Esta falta de associação entre a prevalência de *H.pylori* e a hepatite A foi registada por uma série de outros estudos realizados tanto em países desenvolvidos como em países em desenvolvimento [148].

As tentativas de cultura de <u>*H.pylori*</u> a partir de fezes têm sido, de um modo geral, infrutíferas. No entanto, em 1994, surgiu na literatura o primeiro relato do isolamento de *H.pylori* a partir de fezes humanas. Neste estudo, Thomas et al. isolaram *a H.pylori* das fezes de 1 adulto infetado e de 9 de 23 crianças seleccionadas aleatoriamente que viviam numa aldeia da Gâmbia [148]. No mesmo ano, Kelly e colegas, utilizando a mesma técnica de isolamento que o grupo de Thomas, também afirmaram ter isolado *H.pylori* das fezes de 12 de 25 indivíduos *H.pylori* positivos com dispepsia. A prova definitiva de que os organismos cultivados neste estudo eram *H.pylori* não foi, no entanto, comprovada. As tentativas de outros grupos para isolar *H.pylori* de populações de doentes utilizando estes métodos falharam, e foi sugerido que a capacidade de Thomas et al. para cultivar *H.pylori* de crianças da Gâmbia pode estar relacionada com o facto de estas crianças estarem subnutridas e terem um tempo de trânsito fecal extremamente curto. que demonstrou que, embora não fosse possível cultivar a *H. pylori* nas fezes de 16 indivíduos adultos positivos para *H. pylori*, se os doentes recebessem um catártico para induzir diarreia e as fezes fossem depois testadas, a bactéria podia ser cultivada nas fezes de 7 de 14 (50%) doentes [162].

As tentativas de detetar o ADN da <u>*H.pylori*</u> nas fezes por PCR tiveram resultados variáveis. Enquanto alguns estudos relataram a deteção de ADN de H.*pylori* nas fezes de 25 a 90% dos indivíduos que se sabe estarem infectados com *H.pylori*, outros relataram que menos de 10% dos indivíduos positivos para *H.pylori tinham* ADN de H.*pylori* nas suas fezes [148]. Embora a deteção de ADN de *H. pylori* nas fezes possa aumentar as provas que apoiam a via de transmissão fecal-oral, é novamente essencial recordar que a descoberta de ADN de *H. pylori* não significa necessariamente que *H. pylori* viável esteja presente nas fezes [148].

Capítulo 6
Moringa oleifera

As plantas medicinais têm uma longa história de utilização para o benefício da humanidade. De acordo com o relatório da Organização Mundial de Saúde (OMS), cerca de 80% da população mundial depende principalmente de terapias tradicionais que envolvem a utilização de extractos de plantas ou das suas substâncias activas. As plantas medicinais desempenham um papel importante nos sistemas tradicionais de cuidados de saúde para a cura de muitas doenças. O valor medicinal destas plantas reside em algumas substâncias químicas que produzem uma ação fisiológica definida no corpo humano[168].

Moringa oleifera Lam é uma das espécies mais conhecidas e mais amplamente distribuídas e naturalizadas de uma família monogenérica Moringaceae [169].

A altura da árvore varia de 5 a 10 m. [169]Encontra-se em estado selvagem e cultivada em todas as planícies, especialmente em sebes e pátios de casas, desenvolve-se melhor sob o clima tropical insular e é abundante perto dos leitos arenosos de rios e riachos. Pode crescer bem nos trópicos húmidos ou em terras quentes e secas, pode sobreviver em solos pobres e é pouco afetada pela seca (169). Tolera uma vasta gama de precipitação, com requisitos mínimos de precipitação anual estimados em 250 mm e máximos superiores a 3000 mm e um pH de 5,0-9,0 (169).

A Moringa oleifera, originária dos Himalaias ocidentais e submarinos, da Índia, do Paquistão, da Ásia Menor, de África e da Arábia) está atualmente distribuída nas Filipinas, no Camboja, na América Central, na América do Norte e do Sul e nas Caraíbas [169]. Nalgumas partes do mundo, *a M. oleifera* é designada por "árvore da baqueta" ou "árvore do rabanete", enquanto noutras é conhecida por "árvore kelor". [170] No vale do Nilo, o nome da árvore é "Shagara al Rauwaq", que significa "árvore da purificação".[169]. No Paquistão, *a M. oleifera* é conhecida localmente como "Sohanjna" e é cultivada em todo o país [169].

A Moringa oleifera é um importante produto alimentar que tem sido objeto de enorme atenção como a "nutrição natural dos trópicos". As folhas, os frutos, as flores e as vagens imaturas desta árvore são utilizadas como um vegetal altamente nutritivo em muitos países, particularmente na Índia, no Paquistão, nas Filipinas, no Havai e em muitas partes de África. As folhas de *Moringa são* consideradas uma fonte rica em p-caroteno, proteínas, vitamina C, cálcio e potássio e actuam como uma boa fonte de antioxidantes naturais, aumentando assim o prazo de validade dos alimentos que contêm gordura devido à presença de vários tipos de compostos antioxidantes como o ácido ascórbico, flavonóides, fenólicos e carotenóides [169]. Nas Filipinas, é conhecido como "o melhor amigo da mãe" devido à sua utilização para aumentar a produção de leite da mulher e é por vezes receitado para a anemia [171].

Foram atribuídas várias propriedades medicinais a diversas partes desta árvore muito apreciada (quadro 1) (169).Quase todas as partes desta planta: raiz, casca, goma, folha, fruto (vagem), flores, semente e óleo de semente têm sido usadas para várias doenças na medicina indígena do Sul da Ásia, incluindo o tratamento de inflamação e doenças infecciosas, juntamente com distúrbios cardiovasculares, gastrointestinais, hematológicos e hepatorenais.As sementes podem ser consumidas frescas, como ervilhas, ou trituradas, torradas ou prensadas até se obter um óleo doce e não dessecante, comercialmente conhecido como "óleo Ben" de alta qualidade.[169]. A propriedade única é a capacidade das suas sementes secas e esmagadas e do bolo de prensagem de sementes, que contêm polipéptidos, de servirem como coagulantes naturais para o tratamento da água, Até agora não foi compilada nenhuma revisão exaustiva da literatura que englobe a eficácia desta planta em todas as dimensões. A sua utilidade versátil como medicamento, alimento funcional, nutracêutico e potencial purificador de água motivou-nos a colmatar a lacuna de informação nesta área e a escrever uma revisão abrangente sobre os atributos medicinais, fitoquímicos e farmacológicos desta planta de elevado valor económico [169].

Tabela 1. Alguns usos medicinais comuns de diferentes partes da *Moringa oleifera*

Parte da planta	Usos medicinais	Referências
Raiz	Antilítico, rubefaciente, vesicante, carminativo, antifertilidade, anti- inflamatório, estimulante em afecções paralíticas; actua como tónico acardíaco / circulatório, usado como laxante, abortivo, no tratamento de reumatismo, inflamações, dores articulares, dores lombares ou renais e prisão de ventre,	(169, 172)
Sair	Purgativo, aplicado como cataplasma em feridas, esfregado nas têmporas para dores de cabeça, utilizado para pilhas, febres, dores de garganta, bronquite, infecções dos olhos e dos ouvidos, escorbuto e catarro; acredita-se que o sumo das folhas controla os níveis de glucose, aplicado para reduzir o inchaço glandular	(169)
Casca do caule	Rubefaciente, vesicante e utilizado para curar doenças oculares e para o tratamento de pacientes delirantes, prevenir o aumento do baço e a formação de glândulas tuberculosas do pescoço, para destruir tumores e curar úlceras. O sumo da casca da raiz é colocado nos ouvidos para aliviar dores de ouvido e também colocado na cavidade do dente como analgésico, e tem atividade antituberculosa	(169)
Goma	A goma, misturada com óleo de sésamo, é utilizada para aliviar dores de cabeça, febres, problemas intestinais, disenteria, asma e, por vezes, é utilizada como abortivo e para tratar a sífilis e o reumatismo.	(169)

Flor	Elevado valor medicinal como estimulante, afrodisíaco, abortivo, colagogo; utilizado para curar inflamações, doenças musculares, histeria, tumores e aumento do baço; reduz o colesterol sérico, os fosfolípidos, os triglicéridos, o VLDL, a relação colesterol LDL/fosfolípidos e o índice aterogénico; diminui o perfil lipídico do fígado, do coração e da aorta em coelhos hipercolesterolémicos e aumenta a excreção de colesterol fecal	(169)
Semente	O extrato de sementes exerce o seu efeito protetor diminuindo os peróxidos lipídicos hepáticos, os compostos anti-hipertensivos, o foram isolados glicosídeos isotiocianatos da fase acetato do extrato etanólico de vagens de Moringa	(173)

Fitoquímica

A Moringa oleifera é rica em compostos que contêm o açúcar simples, ramnose e um grupo bastante único de compostos chamados glucosinolatos e isotiocianatos [174]. A casca do caule contém dois alcalóides, nomeadamente moringina e moringinina. [169]A vanilina, o p-sitosterol [**14**], a p-sitostenona, a 4-hidroximelina e o ácido octacosanóico foram isolados do caule de *M.* oleifera [175].

Verificou-se que o exsudado de goma integral purificado de *M.oleifera* contém L-arabinose, galactose, ácido glucurónico e L-ramnose, manose e xilose, enquanto que um polissacárido homogéneo de goma degradada constituído por L-galactose, ácido glucurónico e L-manose foi obtido por hidrólise ligeira da goma integral com ácido [169]As flores contêm nove aminoácidos, sacarose, D-glucose, vestígios de alcalóides, cera, quercetina e kaempferat; as cinzas são ricas em potássio e cálcio [169].

Foi também referido que contêm alguns pigmentos flavonóides, tais como alcalóides, kaempherol, rhamnetina, isoquercitrina e kaempferitrina [171, 175].

Os compostos anti-hipertensivos glicosídeos de tiocarbamato e isotiocianato foram isolados da fase acetato do extrato etanólico das vagens de *Moringa*. [175]As citocininas mostraram estar presentes no fruto [169].

Um novo carbamato de *O-etil-4-*(a-L-rhamnosiloxi) benzilo [**11**], juntamente com sete compostos bioactivos conhecidos, isotiocianato de 4(a-L-rhamnosiloxi)-benzilo [**3**], niazimicina [**4**], *3-O* -(6'-*O-oleoil-p-D-glucopiranosil*)-p-sitosterol [**15**],*p-sitosterol-3-O* -p-D- glucopiranosídeo [**16**], niazirina [**12**], p-sitosterol [**14**] e glicerol-1-(9-octadecanoato)[**13**] foram isolados do extrato etanólico da semente de *Moringa* [176].

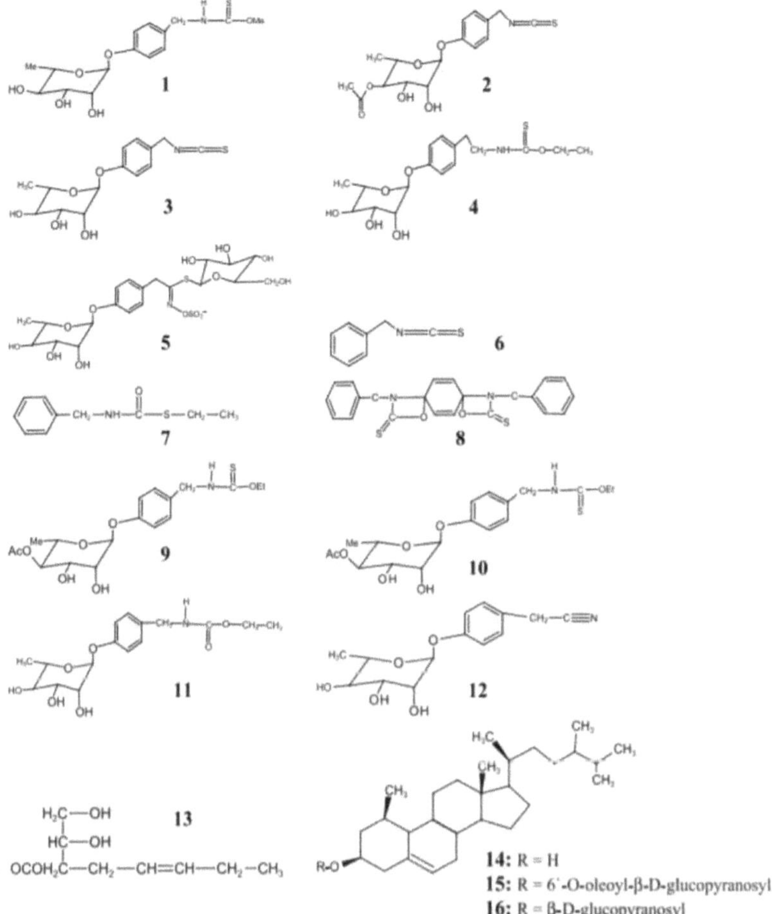

Figure 1. Structures of selected phytochemicals from Moringa: niazinin A [1], 4-(4'-O-acetyl-α-L-rhamnopyranosyloxy)benzyl isothiocyanate [2], 4-(α-L-rhamnopyranosyloxy)benzyl isothiocyanate [3], niazimicin [4], 4-(α-L-rhamnopyranosyloxy)benzyl glucosinolate [5], benzyl isothiocyanate [6], aglycon of deoxy-niazimicine (N-benzyl, S-ethylthioformate) [7], pterygospermin [8], niaziminin [9 + 10], O-ethyl-4-(α-L-rhamnosyloxy)benzyl carbamate [11], niazirin [12], glycerol-1-(9-octadecanoate) [13], β-sitosterol [14], 3-O-(6'-O-oleoyl-β-D-glucopyranosyl)-β-sitosterol [15], β-sitosterol-3-O-β-D-glucopyranoside [16].

Ultimamente, tem-se verificado um interesse no isolamento de hormonas/promotores de crescimento das folhas de *M. oleifera*. Foi demonstrado que a nodulação da grama-preta (*Vigna munga* L) aumenta vigorosamente com a aplicação de um extrato aquoso de etanol das folhas de *M. oleifera*, embora a natureza do ingrediente ativo seja ainda desconhecida [169]. As folhas de *Moringa* actuam como uma boa fonte de antioxidantes naturais devido à presença de vários tipos de compostos antioxidantes, como o ácido ascórbico, flavonóides, fenólicos e carotenóides [169]. As elevadas concentrações de ácido ascórbico, substâncias estrogénicas e p-sitosterol [16], ferro, cálcio, fósforo, cobre, vitaminas A, B e C, a-tocoferol, riboflavina, ácido nicotínico, ácido fólico, piridoxina, p-caroteno, proteínas e, em particular, aminoácidos essenciais como a etionina, a cistina, o triptofano e a lisina presentes nas folhas e vagens de *Moringa* tornam-na um suplemento alimentar praticamente ideal [169].

A composição dos esteróis do óleo de sementes de *Moringa* consiste principalmente em campesterol, estigmasterol, p-sitosterol, A5-avenasterol e clerosterol, acompanhados por quantidades mínimas de 24-metilencolesterol, A7-campestanol, estigmastanol e 28-soavenasterol [170, 177] (quadro 2).

Tabela 2. Composição em esteróis (gramas por 100 g de ácidos gordos) dos óleos *de M.oleifera*

Esterol	Anwar e Bhanger, 2003	Lalas e Tsaknis, 2002	Tsaknis et al.1999,
Colesterol	Não reportado	0.10	0.13
Brassicasterol	Não comunicado	0.05	0.06
24-metilenocolesterol	1.49	0.08	0.88
Campesterol	16.00	15.29	15.13
Campestanol	Não comunicado	0.33	0.35
A7-campestanol	0.50	Não comunicado	Não reportado
Estigmasterol	19.00	23.06	16.87
Ergostadienol	Não reportado	0.35	0.39
Clerosterol	1.95	1.22	2.52
Estigmastanol	1.00	0.64	0.86
P-sitosterol	46.65	43.65	50.07
A7-avenasterol	0.96	Não detectado	1.11
A5-avenasterol	10.70	11.61	8.84

28-isoavenasterol	0.50	0.25	1.40
A7,14 Estigmastadienol	Não comunicado	0.39	Não comunicado
A7,14 Estigmastanol	Não comunicado	0.85	0.44

A composição em esteróis das principais fracções do óleo *de Moringaseed é* muito diferente da da maioria dos óleos alimentares convencionais [169]. A composição em ácidos gordos do óleo de sementes de *M.oleifera* revela que este se insere na categoria de óleos altamente oleicos (C18:1, 67,90%- 76,00%).

Entre os outros ácidos gordos componentes, são importantes os ácidos C16:0 (6,04%-7,80%), C18:0 (4,14%-7,60%), C20:0 (2,76%-4,00%) e C22   :0 (5,00%-6,73%). [170,]*Moringa oleifera* é também uma boa fonte de diferentes tocoferóis (a-, y- e 5-); a concentração destes é relatada como sendo 98.82-134.42, 27.90-93.70, e 48.00-71.16 mg/kg, respetivamente [170, 177].

Utilizações medicinais e propriedades farmacológicas

A Moringa oleifera também tem numerosos usos medicinais, que há muito são reconhecidos nos sistemas de medicina Ayurveda e Unani. [169]Os atributos medicinais (Quadro 1) e as actividades farmacológicas atribuídas a várias partes da *Moringa* são descritos abaixo. **Actividades anti-hipertensivas, diuréticas e de redução do colesterol**

A combinação generalizada de diuréticos com constituintes que reduzem os lípidos e a pressão sanguínea torna esta planta muito útil em doenças cardiovasculares. O sumo da folha de *Moringa* é conhecido por ter um efeito estabilizador na pressão sanguínea. [169]Nitrilo, glicosídeos de óleo de mostarda e glicosídeos de tiocarbamato foram isolados das folhas de *Moringa*, que foram considerados responsáveis pelo efeito de redução da pressão arterial [175, 178].

A maioria destes compostos, com grupos tiocarbamato, carbamato ou nitrilo, são glicosídeos totalmente acetilados, que são muito raros na natureza [178]. O fracionamento guiado por bioensaio do extrato etanólico ativo de *Moringaleaves* conduziu ao isolamento de quatro compostos puros, niazinina A [1], niazinina [1] B, niazimicina [4] e niazinina A +B, que mostraram um efeito de redução da pressão sanguínea em ratos, mediado possivelmente por um efeito antagonista do cálcio [178].

Um outro estudo sobre os extractos etanólico e aquoso de vagens inteiras e das suas partes, ou seja, o revestimento, a polpa e a semente, revelou que o efeito de redução da pressão sanguínea da semente foi mais pronunciado, com resultados comparáveis nos extractos etanólico e aquoso, indicando que a atividade está amplamente distribuída[173]. O fracionamento orientado para a atividade do extrato etanólico das vagens de *M.oleifera conduziu* ao isolamento de glicosídeos de tiocarbamato e isotiocianato, que são conhecidos por serem os princípios hipotensores[178]O p-hidroxibenzoato de metilo e o p-sitosterol (**14**), investigados nas vagens de *M. oleifera,* também revelaram uma atividade hipotensora promissora [173]Verificou-se que as raízes, as folhas, as flores, a goma e a infusão aquosa das sementes de *Moringa* possuem atividade diurética [179] e esses componentes diuréticos são susceptíveis de desempenhar um papel complementar no efeito global de redução da pressão arterial desta planta.

O extrato bruto das folhas de *Moringa* tem uma ação significativa de redução do colesterol no soro de ratos alimentados com dieta rica em gordura, o que pode ser atribuído à presença de um fitoconstituinte bioativo, ou seja, o P-sitosterol [180]. Verificou-se que o fruto *da Moringa reduz* o colesterol sérico, os fosfolípidos, os triglicéridos, a lipoproteína de baixa densidade (LDL), a lipoproteína de densidade muito baixa (VLDL), a relação colesterol/fosfolípidos, o índice lipídico aterogénico e reduziu o perfil lipídico do fígado, do coração e da aorta em coelhos hipercolesterolémicos e aumentou a excreção de colesterol fecal[181] .

Actividades antiespasmódica, antiulcerosa e hepatoprotectora

Foi relatado que as raízes de *M.oleifera* possuem atividade antiespasmódica[179]. As folhas de Moringa foram extensivamente estudadas farmacologicamente e verificou-se que o extrato de etanol e os seus constituintes apresentam efeitos antiespasmódicos possivelmente através do bloqueio dos canais de cálcio. [169]A atividade antiespasmódica do extrato etanólico das folhas de *M. oleifera* foi atribuída à presença de 4-[a-(L-rhamnosyloxy) benzyl]- o-methyl thiocarbamate [3] (*trans*), que constitui a base para a sua utilização tradicional na diarreia [169].

Além disso, a atividade espasmolítica exibida por diferentes constituintes fornece uma base farmacológica para as utilizações tradicionais desta planta na perturbação da motilidade gastrointestinal. [169]A fração metanólica do extrato da folha de *M.oleifera* mostrou efeitos anti ulcerogénicos e hepatoprotectores em ratos [182]. Os extractos aquosos das folhas também mostraram um efeito antiulceroso[182] indicando que o componente antiulceroso está amplamente distribuído nesta planta.

Também foi relatado que as raízes de *Moringa* possuem atividade hepatoprotectora. Verificou-se também que os extractos aquosos e alcoólicos das flores *de Moringa* têm um efeito hepatoprotector significativo[172]o que pode ser devido à presença de quercetina, um flavonoide bem conhecido com atividade hepatoprotectora [169].

Actividades antibacterianas e antifúngicas

As raízes de Moringa têm atividade antibacteriana e são relatadas como sendo ricas em agentes antimicrobianos. Estas contêm um princípio antibiótico ativo, pterygospermin [8], que tem efeitos antibacterianos e fungicidas poderosos [172, 183]. Verifica-se que um composto semelhante é responsável pelos efeitos antibacterianos e fungicidas das suas flores [184].

O extrato de raiz também possui atividade antimicrobiana atribuída à presença de isotiocianato de 4-a-L-ramnosiloxi benzilo [3][185].

A aglicona da desoxi-niazimicina (N-benzil, S-etil tioformato)[7] isolada da fração clorofórmica de um extrato etanólico da casca da raiz foi considerada responsável pelas actividades antibacteriana e antifúngica. [169]O extrato da casca demonstrou possuir atividade antifúngica [169]enquanto o sumo da casca do caule mostrou um efeito antibacteriano contra *Staphylococcus* aureus [181].

Verificou-se que o sumo de folhas frescas inibe o crescimento de microrganismos (*Pseudomonas aeruginosa* e *Staph aureus*), patogénicos para o homem [186].

Em 2010, os extractos de clorofórmio e etanol de sementes e folhas de *Moringa oleifera* foram investigados quanto à atividade antimicrobiana contra alguns microrganismos seleccionados de origem alimentar. Os resultados do ensaio antibacteriano mostram que o extrato de etanol da folha de *Moringa oleifera* exibiu atividade de largo espetro contra os organismos de teste com *Escherichia coli, Pseudomonas aeruginosa, Staphylococcus aureus* e *Enterobacter aerogenes* susceptíveis. Os valores da concentração mínima de inibição variaram entre 2,0 e >4,0mg/ml para todos os organismos [187].

O extrato clorofórmico de sementes de *Moringa oleifera* só foi ativo contra *E. coli* e *Salmonella typhimurium*.

Os valores da concentração mínima de inibição variaram entre 1,0 e >4,0mg/ml para os organismos testados, respetivamente.

Em 2010, o estudo determinou o efeito antibacteriano do extrato aquoso e etanólico de sementes de moringa na concentração de 1:5 e 1:10 em volumes de 50,100,150,200 ml examinados contra *Staphylococcus aureus* e *Escherichia coli*, detectando a zona de inibição superior a 13mm contra ambos os organismos de teste[188].

Actividades antitumorais e anticancerígenas

Makonnen *et al.*(1997) descobriu que as folhas de Moringa são uma fonte potencial de atividade antitumoral. *O-Ethyl-* 4-(a-L-rhamnosyloxy)benzyl carbamate [**11**] juntamente com 4(a-L- rhamnosyloxy)-benzyl isothiocyanate [**3**],a niazimicina [**4**] e o *3-O-*(6'-O-oleoil-P-D-glucopiranosil)-p-sitosterol [**15**] foram testados quanto à sua potencial atividade promotora de antitumor utilizando um ensaio *in vitro* que mostrou efeitos inibitórios significativos no antigénio precoce do vírus Epstein Barr. A niazimicina foi proposta como um potente agente quimiopreventivo na carcinogénese química [176].

Verificou-se também que os extractos de sementes são eficazes nas enzimas hepáticas metabolizadoras de carcinogéneos, nos parâmetros antioxidantes e na génese do papiloma cutânco cm ratos [189].

Uma pomada de sementes teve um efeito semelhante ao da neomicina contra a piodermia de *Staphylococcus aureus* em ratos. [169]Verificou-se que a niaziminina [**9 + 10**], um tiocarbamato das folhas de *M. oleifera*, apresenta uma inibição da ativação do vírus Epstein-Barr induzida pelo promotor tumoral. Por outro lado, entre os isotiocianatos, o 4- [(4'-*O* -acetil-a-i-rhamnosyloxy) benzil] [**2**], de ocorrência natural, inibiu significativamente a ativação do vírus Epstein-Barr induzida por promotores tumorais, sugerindo que o grupo isotiociano é um fator estrutural crítico para a atividade [190].

Outras actividades diversas

Também foi relatado que *a Moringa oleifera apresenta* outras actividades diversas. Os extractos aquosos das folhas regulam a hormona da tiroide e podem ser usados para tratar o hipertiroidismo e exibem um efeito antioxidante.[182, 191]Um extrato metanólico de folhas de *M.oleifera* conferiu

proteção significativa contra as radiações nos cromossomas da medula óssea de ratinhos[183]. As folhas de Moringa são eficazes para a regulação do estado das hormonas da tiroide [191].

Um relatório recente mostrou que a folha de *M.oleifera* pode ser aplicável como medicamento profilático ou terapêutico contra o vírus herpes simplex tipo 1 e pode ser eficaz contra a variante resistente ao aciclovir. [169]O quadro 1 apresenta algumas utilizações medicinais comuns de diferentes partes desta planta. As flores e as folhas também são consideradas de elevado valor medicinal com atividade anti-helmíntica. [169]Foi demonstrado que uma infusão de sumo de folhas reduz os níveis de glucose em coelhos [169].

A Moringa oleifera está a ganhar destaque em resultado de provas científicas de que *a Moringa* é uma fonte importante de fitoquímicos naturais, o que constitui uma base para futuros desenvolvimentos viáveis. Diferentes partes da *M. oleifera* são também incorporadas em várias formulações de saúde comercializadas, tais como Rumalaya e Septilin (Himalaya Drug Company, Bangalore, Índia), Orthoherb (Walter Bushnell Ltd, Mumbai, Índia), Kupid Fort (Pharma Products Pvt. Ltd, Thayavur, Índia) e Livospin (Herbals APS Pvt. Ltd, Patna, Índia), que são reputadas como remédios disponíveis para uma variedade de distúrbios de saúde humana [181].

As sementes de Moringa possuem fracções proteicas específicas para o cuidado da pele e do cabelo. Dois novos componentes activos para a indústria cosmética foram extraídos da torta de óleo.Purisoft® consiste em péptidos da semente de *Moringa*. Protege a pele humana das influências ambientais e combate o envelhecimento prematuro da pele. Com dupla atividade, anti-poluição e condicionamento/fortalecimento do cabelo, o extrato de semente de *M. oleifera* é uma solução inovadora globalmente aceite para o cuidado do cabelo [169].

Atributos purificadores da água das sementes de *M.oleifera*
Sementes de moringa como coagulante
As sementes de Moringa são um dos melhores coagulantes naturais descobertos até à data.[169]As sementes esmagadas são um substituto viável de coagulantes sintéticos[192]No Sudão, o extrato bruto de sementes é usado em vez de alúmen por mulheres rurais para tratar a água altamente turva do Nilo devido ao medo tradicional de que o alúmen cause distúrbios gastrointestinais e a doença de Alzheimer[169]. As sementes de moringa são muito eficazes no tratamento de águas com elevada turvação e apresentam efeitos de coagulação semelhantes aos do alúmen. [169].

A eficácia de coagulação de *M.oleifera* varia dependendo da turbidez inicial e tem sido relatado que *M.oleifera* pode reduzir a turbidez entre 92% e 99%. [169]As sementes *de Moringa* também têm propriedades suavizantes, além de serem um corretor de pH (redução de alcalinidade), bem como exibem uma capacidade de tamponamento natural, que pode lidar com águas superficiais e subterrâneas moderadamente altas a altamente alcalinas.

As sementes de Moringa também podem ser usadas como anti-sético no tratamento de água potável. A investigação em curso está a tentar caraterizar e purificar os componentes coagulantes das sementes de *Moringa*.[169, 193]Acredita-se que a semente é um polímero natural orgânico. Os ingredientes activos são proteínas diméricas com um peso molecular de cerca de 1300 Da e um ponto isoelétrico entre 10 e 11[169].

A proteína em pó é estável e totalmente solúvel em água. A proteína coagulante de Moringa pode ser extraída por água ou solução salina (geralmente NaCl). A quantidade e a eficácia da proteína coagulante dos métodos de extração com sal e água variam significativamente. Na forma bruta, o extrato de sal apresenta um melhor desempenho de coagulação do que o extrato de água correspondente.[169]Isto pode ser explicado pela presença de uma maior quantidade de proteínas solúveis devido ao fenómeno de salga. No entanto, a purificação da proteína coagulante de *M. oleifera* a partir do extrato bruto de sal pode não ser técnica e economicamente viável.

O mecanismo de coagulação da proteína coagulante da *M.oleifera* foi explicado de diferentes formas. Foi descrito como adsorção e neutralização de cargas [169, 193] e a formação de pontes entre partículas [169]. A floculação por ligação em ponte entre partículas é principalmente caraterística de polielectrólitos de elevado peso molecular. Devido ao pequeno tamanho da proteína coagulante de *M. oleifera* (6,5-13 kDa), um efeito de ponte pode não ser considerado como o mecanismo de coagulação provável. A elevada carga positiva (pI superior a 10) e o tamanho reduzido podem sugerir que o principal mecanismo de desestabilização pode ser a adsorção e a neutralização da carga.

Eliminação microbiana com sementes de Moringa

As sementes de moringa também possuem propriedades antimicrobianas[194]. Broin *et al.* (2002) relataram que uma proteína recombinante na semente é capaz de flocular células bacterianas Gram-positivas e Gram-negativas. Neste caso, os microorganismos podem ser removidos por sedimentação da mesma forma que a remoção de colóides em água devidamente coagulada e floculada [169]. Por outro lado, as sementes podem também atuar diretamente sobre os microrganismos e provocar a inibição do seu crescimento. Pensa-se que os péptidos antimicrobianos actuam por rutura da membrana celular ou por inibição de enzimas essenciais [169].

Sutherland *et al.* (1990) relataram que as sementes de Moringa podem inibir a replicação de bacteriófagos. Os efeitos antimicrobianos das sementes são atribuídos ao composto 4(a-L-rhamnosyloxy) benzyl isothiocynate [185].

Sementes de moringa como biossorvente

As sementes de Moringa podem ser utilizadas como um biossorvente menos dispendioso para a remoção de cádmio (Cd) de meios aquosos [195]. A solução aquosa de sementes de *Moringa* é uma mistura complexa heterogénea com vários grupos funcionais, principalmente ácidos orgânicos de baixo peso molecular (aminoácidos). Verificou-se que estes aminoácidos constituem um grupo fisiologicamente ativo de agentes de ligação, funcionando mesmo a uma baixa concentração, o que, devido à capacidade de interagir com iões metálicos, é suscetível de aumentar a sorção de iões metálicos [169].

Os aminoácidos proteicos têm uma variedade de propriedades estruturalmente relacionadas com o pH, gerando uma atmosfera carregada negativamente e desempenhando um papel importante na ligação de metais[195].

Em 2013, outro estudo detectou que o sulforafano e o isotiocianato (incluindo os da moringa) são altamente eficazes como antibiótico contra todas as 48 estirpes de *Helicobacter pylori* testadas. É igualmente eficaz contra as estirpes resistentes ao antibiótico de reboque mais utilizado para tratar a infeção por *Helicobacter pylori* nas pessoas.

Composição:

É composto por muito valor nutricional, incluindo: energia, hidratos de carbono, gorduras, proteínas, vitaminas (A, B1, B2, B3, B5, B6, B9 e C), cálcio, ferro, magnésio, manganês, fósforo e sódio[51] .

<u>**Quadro 3**</u>. Composição (gramas por 100 g de ácidos gordos) da M.*oleifera*

Energia	64 kcal (270 kJ)
Hidratos de carbono	8.28 g
Fibra alimentar	2.0 g
Gordura	1.40 g
Proteína	9.40 g
Água	78.66 g
Vitamina A equiv.	378 gg (47%)
Tiamina (vit. BQ	0,257 mg (22%)
Riboflavina (vit. B2)	0,660 mg (55%)
Niacina (vit. B3)	2.220 mg (15%)
Ácido pantoténico (B)5	0,125 mg (3%)
Vitamina B6	1.200 mg (92%)

Folato (vit. B9)	40 gg (10%)
Vitamina C	51,7 mg (62%)
Cálcio	185 mg (19%)
Ferro	4,00 mg (31%)
Magnésio	147 mg (41%)
Manganês	0,36 mg (17%)
Fósforo	112 mg (16%)
Potássio	337 mg (7%)
Sódio	9 mg (1%)
Zinco	0,6 mg (6%)
As percentagens são aproximadas utilizando as recomendações dos EUA para adultos.	
Fonte: Base de dados de nutrientes do USDA	

Quadro 4: Valor nutricional por 100 g (3,5 oz)

Energia	37 kcal (150 kJ)
Hidratos de carbono	8.53 g
Fibra alimentar	3.2 g
Gordura	0.20 g
Proteína	2.10 g
Água	88.20 g
Vitamina A equiv.	4 gg (1%)
Tiamina (vit. BQ	0,0530 mg (5%)
Riboflavina (vit. B_2)	0,074 mg (6%)
Niacina (vit. B_3)	0,620 mg (4%)
Ácido pantoténico (B)$_5$	0,794 mg (16%)
Vitamina B_6	0,120 mg (9%)
Folato (vit. B_9)	44 ug (11%)

Vitamina C	141,0 mg (170%)
Cálcio	30 mg (3%)
Ferro	0,36 mg (3%)
Magnésio	45 mg (13%)
Manganês	0,259 mg (12%)
Fósforo	50 mg (7%)
Potássio	461 mg (10%)
Sódio	42 mg (3%)
Zinco	0,45 mg (5%)
As percentagens são aproximadas utilizando as recomendações dos EUA para adultos.	
Fonte: Base de dados de nutrientes do USDA	

Capítulo 7
Zingiber officinal

O gengibre é o rizoma subterrâneo da planta do gengibre com uma textura firme e estriada. O *Zingiber officinal* Roscoe, vulgarmente conhecido como gengibre, pertence à família Zingiberaceae. Sabe-se que o cultivo do gengibre é originário da China, tendo-se depois espalhado pela Índia, Sudeste Asiático, África Ocidental e Caraíbas[168]. A Índia é o maior produtor de gengibre do mundo. Na Índia, é cultivado em quase todos os estados. Alguns relatórios sugerem que as condições climáticas de Orissa, Bengala Ocidental, Estados do Nordeste e Kerala são mais adequadas para o crescimento do gengibre na Índia. A utilização medicinal do gengibre é bem conhecida na Índia e nos países vizinhos há mais de 2000 anos, sendo uma das plantas medicinais mais versáteis. O gengibre tem sido utilizado tanto pela medicina ayurvédica como pela medicina chinesa para curar problemas cardíacos, tratar perturbações do estômago, diarreia e náuseas. Também é utilizado para disfarçar o sabor dos medicamentos; promove a libertação de bílis da vesícula biliar, diminui as dores nas articulações causadas pela artrite, é útil para o tratamento de doenças cardíacas e pulmonares; alivia a tosse e a constipação, a infeção da garganta[168] . Além disso, é utilizado como pó de caril, bebidas quentes como cerveja de gengibre, vinho de gengibre, chá de gengibre. O gengibre foi identificado como um produto medicinal à base de plantas com efeito farmacológico. O gengibre suprime a síntese de prostaglandinas através da inibição da ciclo-oxigenase 1 e da ciclo-oxigenase 2. Muitas investigações mostraram que o extrato de gengibre também tem atividade antimicrobiana e propriedades anti-oxidantes [168].

Quadro 1: Classificação

Reino:	Plantas
Clado:	Angiospérmicas
Clado:	Monocotiledóneas
Clado:	Commelinídeos
	Zingiberais
Família:	Zingiberaceae
Género:	*Zingiber*
Espécies:	*Z. officinale*

Figura 1: Raízes de *Zingiber officinal*

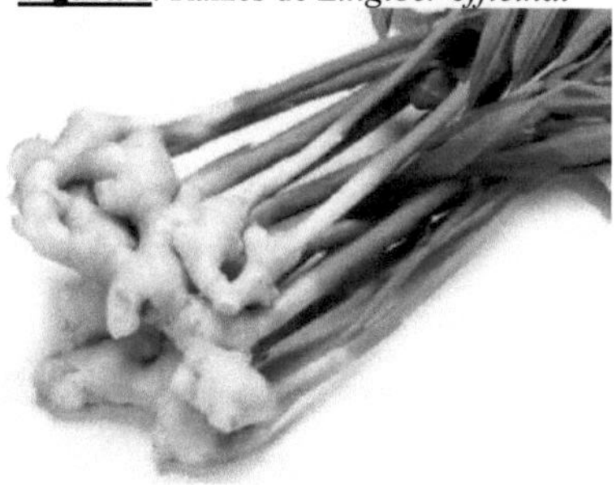

Figura 2: Folhas e raízes de *Zingiber officinal*

II. Posição sistemática e morfologia

A família zingiberaceae é representada por cerca de 46 géneros, distribuídos pelas regiões tropicais e subtropicais. O género tipo desta família é *Zingiber*. A planta é uma erva aromática e a sua posição taxonómica é a seguinte

A planta do gengibre tem uma raiz tuberosa perene ou rizoma; os caules são erectos, oblíquos, redondos, anuais e investidos pelas bainhas lisas das folhas, com 2 ou 3 pés de altura, flores verdes amarelas e rizoma tuberoso espesso. Os rizomas comprimidos lateralmente têm 715 cm de comprimento e 1-1,5 cm de largura. Os ramos com cerca de 1-3 cm de comprimento surgem e terminam em cicatrizes de depressão ou em botões não desenvolvidos. A polpa do rizoma de gengibre pode ser de cor amarela, branca ou vermelha, consoante a variedade. É coberta por uma pele acastanhada que pode ser espessa ou fina, dependendo se a planta foi colhida quando estava madura ou jovem [168].

III. Composição química

No rizoma de gengibre fresco, os gingeróis foram identificados como os principais componentes activos [168].

A perceção sensorial do gengibre resulta de dois grupos distintos de substâncias químicas, nomeadamente óleos voláteis e compostos pungentes não voláteis. Os componentes voláteis do óleo do gengibre *consistem* principalmente em hidrocarbonetos sesquiterpénicos, predominantemente zingeblereno (35%), curcumeno (18%) e farneseno (10%) [196]. Muitos destes constituintes voláteis do óleo contribuem para o aroma e sabor distintos do gengibre. Os compostos pungentes não voláteis incluem gingeróis, shogaóis, paradóis e zingerona que produzem uma sensação de "calor" na boca (Fig. 3). Os gingeróis, uma série de homólogos químicos diferenciados pelo comprimento das suas cadeias alquílicas não ramificadas, foram identificados como os principais componentes activos no rizoma fresco. Além disso, os shogaols, outra série homóloga, e a forma desidratada dos gingerols são os constituintes pungentes predominantes no gengibre seco. O paradol é semelhante ao gingerol e é formado pela hidrogenação do shogoal. Outros constituintes adicionais são as oleorresinas. O gengibre contém gorduras, ceras, hidratos de carbono, vitaminas e minerais. Os rizomas de gengibre também contêm uma enzima proteolítica potente chamada zingibaína[168].

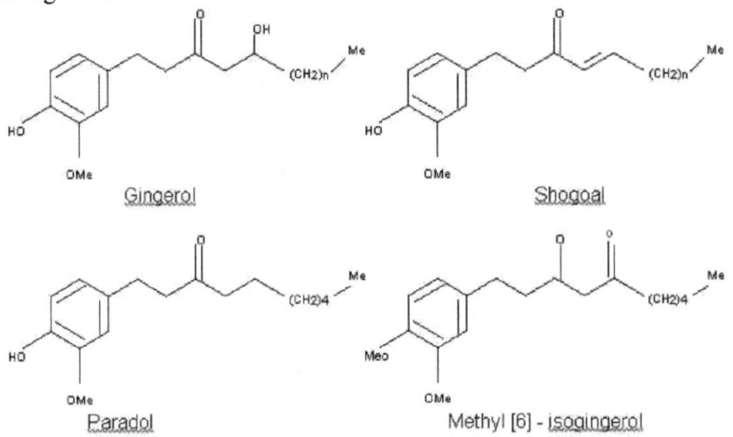

Figura 3: Compostos pungentes não voláteis

Composto químico aqui IV. Perfil nutricional

As composições nutricionais do gengibre seco são apresentadas no (Quadro 2). Os teores de proteínas, gorduras, cinzas, ferro, cálcio e fósforo foram de 5,98 g, 4,37 g, 4,53 g, 9,41 mg, 104,02 mg e 204,75 mg por 100g, respetivamente, com base no peso seco. Do mesmo modo, os minerais vestigiais, nomeadamente o zinco, o cobre, o manganês e o crómio total são 1,08 mg, 0,641 mg e 10,74 mg e o crómio total é 83,37 ^g por 100 g, respetivamente. O teor de vitamina C e de carotenóides totais é de 10,97 e 92,96 mg por 100 g, respetivamente. O extrato de gengibre também contém compostos polifenólicos ([6]-gingerol e seus derivados) que possuem uma elevada atividade antioxidante. Embora o efeito estimulante da digestão desta especiaria tenha sido conhecido há muito tempo, o efeito estimulante nos sucos pépticos, como o suco gástrico, a bílis, o pâncreas e os sucos intestinais, foi descoberto mais tarde. Os ácidos biliares desempenham um papel importante na absorção das gorduras e cada perturbação no metabolismo das gorduras prejudicaria a digestão dos alimentos no seu conjunto, porque as partículas de gordura cobrem os outros elementos alimentares e tornam-nos inacessíveis à ação das enzimas digestivas. A lipase é o outro fator-chave que desempenha um papel vital na digestão das gorduras. Quando o gengibre foi incluído nas dietas dos animais, verificou-se que havia um aumento considerável da lipase pancreática e intestinal [168]

Tabela 2. Composição nutricional do gengibre (por 100g dw)

Componentes	Valor	Componentes	Valor
Humidade	15.02 ± 0.04	Cinzas (g)	3.85 ± 0.61 (4.53)
Proteína (g)	5.087 ± 0.09 (5.98)	Cálcio (mg)	88.4 ± 0.97 (104.02)
Fat (g)	3.72 ± 0.03 (4.37)	Fósforo (mg)	174 ±1.2 (204.75)
Fibra insolúvel (%)	23.5 ± 0.06 (27.65)	Ferro (mg)	8.0 ± 0.2 (9.41)
Fibra solúvel (%)	25.5 ± 0.04 (30.0)	Zinco (mg)	0.92 ± 0 (1.08)
Hidratos de carbono (g)	38.35 ± 0.1	Cobre (mg)	0.545 ± 0.002 (0.641)
Vitamina C (mg)	9.33 ± 0.08 (10.97)	Manganês (mg)	9.13 ± 001 (10.74)
Carotenóides totais (mg)	79 ± 0.2 (92.96)	Crómio (pg)	70 ± 0 (83.37)

Todos os valores nesta tabela representam a média ±SD (n=4)

Tabela 3. Conteúdo vitamínico do gengibre

N.º de Sl.	Vitaminas	Raiz de gengibre crua (por 100 g)

1	Tiamina (B1)	0,025 mg
2	Riboflavina (B2)	0,034 mg
3	Niacina (B3)	0,75 mg
4	Ácido panténico (B5)	0,203 mg
5	Vitamina B6	0,16 mg
6	Folato (B9)	[11] Mg
7	Vitamina C	5 mg
8	Vitamina E	0,26 mg

V. Propriedades medicinais

As plantas medicinais são uma fonte rica de novos fármacos, medicamentos modernos, suplementos alimentares, medicamentos populares, produtos farmacêuticos intermédios, princípios bioactivos e compostos principais para medicamentos sintéticos. O gengibre tem sido utilizado como medicina tradicional desde a antiguidade. O gengibre é considerado uma planta medicinal, uma vez que possui várias propriedades curativas no tratamento de diferentes doenças. Seguem-se algumas das propriedades medicinais do *Zingiber Officinal*[168].

Medicina ayurvédica tradicional O gengibre desempenha um papel importante na medicina ayurvédica tradicional indiana. É também utilizado como ingrediente em bebidas tradicionais indianas. O gengibre fresco é uma das principais especiarias utilizadas na confeção de pratos, tanto vegetarianos como não vegetarianos. Os remédios medicinais tradicionais indianos, especialmente para a tosse e a asma, consistem em sumo de gengibre fresco com um pouco de sumo de alho fresco misturado com mel . Também se sugere que 1-2 colheres de chá de sumo de gengibre com mel são um potente supressor da tosse. Além disso, o gengibre é frequentemente utilizado para curar muitas doenças, tais como indigestão, falta de sabor, perda de apetite, flatulência, intestino, náuseas, vómitos, reacções alérgicas, tosse aguda e crónica, constipação comum, febre, rinite alérgica, sinusite, bronquite crónica aguda, problemas respiratórios, dor, dor de cabeça, dor de costas ou qualquer tipo de dor muscular, dor de dentes e inchaço das gengivas, etc.[197].

Alívio gastrointestinal

A investigação científica moderna revelou que o gengibre possui numerosas propriedades terapêuticas, incluindo efeitos antioxidantes, uma capacidade de inibir a formação de compostos inflamatórios e efeitos anti-inflamatórios directos. O gengibre é muito eficaz na prevenção dos sintomas do enjoo, especialmente do enjoo de mar. O gengibre reduz todos os sintomas associados ao enjoo, incluindo tonturas, náuseas, vómitos e suores frios [198]. Alguns componentes activos do gengibre estimulam a digestão, a absorção, aliviam a obstipação e a flatulência, aumentando a atividade muscular no aparelho digestivo [199, 200].

Efeitos anti-inflamatórios

O gengibre contém potentes compostos anti-inflamatórios chamados *gingeróis*. Pensa-se que estas substâncias explicam o facto de tantas pessoas com osteoartrite ou artrite reumatoide sentirem uma redução dos seus níveis de dor e uma melhoria da sua mobilidade quando consomem gengibre regularmente. Um dos mecanismos pelos quais o gengibre exerce os seus efeitos benéficos poderia estar relacionado com a inibição da biossíntese das prostaglandinas e dos leucotrienos [168].

Efeito no sistema cardiovascular

O gengibre estimula os músculos do coração, estimula a circulação sanguínea em todo o corpo. Acredita-se que o aumento da circulação sanguínea estimula a atividade metabólica celular, o que ajuda a aliviar as cãibras e a tensão. Também ajuda a reduzir a tensão arterial e a carga de trabalho cardíaco [168].

Atividade hipoglicémica e hiperglicémica

O potencial hipoglicémico do gengibre foi relatado em ratos diabéticos induzidos por estreptozotocina. O tratamento com extrato aquoso (500 mg/kg de peso corporal) durante um período de 7 semanas diminuiu significativamente os níveis séricos de glicose, colesterol e triacilglicerol nos ratos diabéticos tratados, em comparação com os ratos diabéticos de controlo. [168]Foi relatado que o sumo fresco de gengibre possui atividade hiperglicémica. O sumo fresco de gengibre (4 ml/kg de peso corporal) produziu uma diminuição significativa, dependente do tempo, do nível de glicose no sangue em ratos diabéticos induzidos por estreptozotocina [24]. O sumo de gengibre também foi relatado para controlar a diabetes tipo I [201].

Efeitos preventivos do cancro

Verificou-se que o gengibre é anti-carcinogénico através de múltiplas vias [202, 203] e foi relatada a sua atividade quimiopreventiva do cancro do cólon. O gingerol também inibiu o crescimento de células de cancro colorrectal humano [28]. Na sua primeira experiência, os ratos foram alimentados com gengibre antes e depois da injeção de células tumorais. No segundo conjunto de experiências, o gengibre foi alimentado apenas depois de os tumores terem crescido até um determinado tamanho. A eficácia do gengibre foi considerada significativa em ambos os casos.

Cancro da mama

Os efeitos do tratamento crónico com extrato de água quente do rizoma de gengibre na tumorigénese mamária espontânea foram examinados em ratos. Nos ratos que receberam livre acesso ao extrato de gengibre (0,125%) na água de beber, o desenvolvimento de tumores mamários foi significativamente inibido [204].

O gengibre induz a morte celular em células de cancro do ovário

Os gingeróis, os fitonutrientes activos do gengibre, matam as células do cancro do ovário induzindo a apoptose (morte celular programada) e a autofagocitose (auto-digestão). Pensa-se que um estado pró-inflamatório é um fator importante que contribui para o desenvolvimento do cancro do ovário. Na presença de gengibre, um certo número de indicadores-chave da inflamação (fator de crescimento endotelial vascular, interleucina-8 e prostaglandina E2) também diminuiu nas células do cancro do ovário [30] [168].

Atividade larvicida

Foi comunicada a atividade larvicida de compostos isolados do rizoma do gengibre contra *Adese aegypti* e *Culex quinquefasciatus*. O estudo relatou a atividade larvicida de (4) gingerol, (6)-dehydrogingerdione e (6)-dihydrogingerdione contra larvas de quarto instar de *A. aegypti* (LC50 4.25, 9.80, 18.20 ppm) e *C. quinquefasciatus* (LC50 5.52, 7.66, 27.24 ppm), respetivamente. Da mesma forma, a atividade larvicida do gengibre foi relatada contra *Angiostrongylus Cantonensis,* um verme redondo. *A. cantonens* é um nemátodo parasita que causa angiostrongilíase, a causa mais comum de meningite eosinofílica no Sudeste Asiático e na Bacia do Pacífico. No estudo, o [6]-gingerol foi isolado das raízes do gengibre e analisado quanto à sua atividade larvicida contra as larvas de *A.* cantonensis [168].

VI. Ação de reforço imunitário

O gengibre não só ajuda a manter o calor nos dias mais frios, como também promove uma transpiração saudável, o que é frequentemente útil durante as constipações e gripes. Um bom suor pode fazer muito mais do que simplesmente ajudar na desintoxicação. Proporciona proteção contra microorganismos invasores, incluindo bactérias como a *E. coli* e a *Staphylococcus aureus* (uma causa comum de infecções cutâneas) e fungos, incluindo *a Candida albicans*. O óleo essencial de gengibre mostrou a melhoria da resposta imunitária humoral em ratos imunodeprimidos [205].

Atividade antioxidante

Os extractos de raízes de gengibre contêm compostos polifenólicos (6-gingerol e seus derivados), que têm uma elevada atividade antioxidante. Os compostos antioxidantes são compostos amplamente utilizados para combater os radicais livres que medeiam o stress oxidativo na célula. A atividade antioxidante deve-se à presença de flavonas, isoflavonas, flavonóides, antocianinas, cumarinas, lignanas, catequinas e isocatequinas. O conteúdo fenólico total no extrato alcoólico do rizoma seco do gengibre foi de 870,1 mg/g de extrato. O extrato apresentou 90,1% de atividade de eliminação do radical DPPH com a concentração IC50 de 0,64 ^g/ml(168). A propriedade antioxidante do gengibre é uma atividade extremamente significativa que pode ser utilizada como agente preventivo contra uma série de doenças[168].

Atividade antimicrobiana do gengibre

O gengibre tem sido tradicionalmente explorado por ter uma vasta gama de atividade antimicrobiana contra bactérias e fungos gram-positivos e gram-negativos. Estudos in vitro mostraram que os constituintes activos do gengibre inibem a multiplicação de bactérias do cólon, estas bactérias fermentam hidratos de carbono não digeridos causando flatulência, o que pode ser contrariado com o gengibre [206]. Inibe o crescimento de *Escherichia coli, Proteus* sp, *Staphylococci, Streptococci* e Salmonella. [168]O gengibre tem uma forte atividade antibacteriana e, em certa medida, propriedades antifúngicas O gengibre inibe o *Aspergillus* sp, um fungo conhecido pela produção de aflatoxina, um agente cancerígeno [168]O sumo de gengibre fresco mostrou uma ação inibitória contra *Aspergillus niger, Sacharomyces cerevisiae, Mycoderma* sp. e *Lactobacillus acidophilus.* Assim, o gengibre, que é um ingrediente normal das nossas preparações alimentares de rotina, pode proporcionar proteção contra os nossos inimigos naturais, como os agentes patogénicos bacterianos e fúngicos.

Investigações anteriores demonstraram que um extrato normalizado de rizoma de gengibre inibia o crescimento de *Helicobacter pylori* in vitro. O extrato de gengibre inibia a atividade da ciclo-oxigenase-2, com uma concentração inibitória de 50% (IC50) de 8.5 ^g/mL in vitro, inibiu o fator nuclear e inibiu significativamente a libertação de interleucina (IL)-ip, IL-6, IL-8 e fator de necrose tumoral-a de células mononucleares do sangue periférico humano estimuladas por lipopolissacarídeos com valores de concentração inibitória (IC50) de 3,89, 7,7, 8,5 e 8,37 ^g/mL, respetivamente. Estes resultados sugerem que os extractos de *Zingiber officinal* podem ser úteis para o desenvolvimento de agentes para reduzir a inflamação *induzida por H pylori* e para a quimioprevenção do cancro gástrico[207].

Mahady etal concluiu que o extrato de metanol do rizoma de gengibre inibiu o crescimento de todas as 19 estirpes in vitro com um intervalo de concentração inibitória mínima de 6,25-50 microgramas/ml. Uma fração do extrato bruto, contendo os gingeróis, foi ativa e inibiu o crescimento de todas as estirpes de *H.pylori* com um intervalo de CIM de 0,78 a 12,5 microgramas/ml e com atividade significativa contra as estirpes CagA+[208].

Capítulo 8
H.pylori Método de cultura rápida e atividade antibacteriana de Moringa oleifera e Zingiber officinal

Materiais: suportes :

Ágar de infusão de coração de cérebro:

O Ágar de Infusão de Coração de Cérebro (BHI Agar) é um meio enriquecido não seletivo para o isolamento e cultivo da maioria das bactérias anaeróbias e outros microrganismos exigentes. As propriedades nutritivas básicas são a infusão de coração de cérebro a partir de sólidos, bem como peptonas de carne, com a adição de extrato de levedura. Este meio é suplementado com hemina e vitamina K1 como factores de crescimento para a maioria das bactérias anaeróbias. Este meio é preparado, dispensado, armazenado e embalado em condições sem oxigénio para evitar a formação de produtos oxidados antes da utilização(209).

Fórmula* Por Litro Água Purificada

Coração do Cérebro, Infusão de (Sólidos)	8.0 g
Digestão péptica de tecidos animais	5.0
Digestão pancreática da caseína	16.0
Cloreto de sódio	5.0
Glicose	2.0
Fosfato de hidrogénio dissódico	2.5
Ágar	13.5
pH	7.4 ± 0.2

*Ajustado e/ou complementado conforme necessário para cumprir os critérios de desempenho.

Base de ágar sangue Columbia

A Base de Ágar Sangue Columbia é utilizada como uma base eficaz para a preparação de ágar sangue, ágar chocolate e para a preparação de vários meios selectivos e de identificação.

A base de ágar sangue Columbia foi concebida por Ellner et al[210]. Este meio contém peptona especial que suporta o crescimento rápido e luxuriante de organismos fastidiosos e não fastidiosos. Além disso, este meio promove uma morfologia colonial típica, uma melhor produção de pigmentos e reacções hemolíticas mais bem definidas. Fildes descobriu que o Ágar Nutriente suplementado com uma digestão de sangue de carneiro fornecia ambos os factores e que o meio suportava o crescimento de *H. influenzae* [211, 212]. A inclusão de bacitracina torna o meio Ágar Columbia enriquecido seletivo para o isolamento de *espécies de Haemophilus* de amostras clínicas, especialmente do trato respiratório superior [213]. O Ágar Columbia Base é utilizado como base para os meios que contêm

sangue e para formulações de meios selectivos em que são utilizadas diferentes combinações de agentes antimicrobianos como aditivos.

Ingredientes	Gms / Litro
Peptona, especial	23.000
Amido de milho	1.000
Cloreto de sódio	5.000
Ágar	15.000
pH final (a 25°C)	7.3±0.2

**Fórmula ajustada, normalizada para se adaptar aos parâmetros de desempenho

O amido de milho serve como fonte de energia e também neutraliza os metabolitos tóxicos. O sangue de carneiro permite a deteção de hemólise e também fornece heme (fator X), que é necessário para o crescimento de muitas bactérias. No entanto, é desprovido de fator V (nicotinamida adenina dinucleótido) e, por conseguinte, *o Haemophilus influenzae*, que necessita dos factores X e V, não crescerá neste meio. Como este meio tem um teor relativamente elevado de hidratos de carbono, os estreptococos beta-hemolíticos podem apresentar uma reação hemolítica esverdeada que pode ser confundida com a hemólise alfa. Efetuar testes de confirmação de todas as colónias. O **ágar-base** Columbia com adição de soro estéril constitui um meio eficaz para o teste de virulência de *Corynebacterium diphtheriae*:

Utilização prevista: A base de ágar ureia é utilizada com ágar para a diferenciação de microrganismos com base na produção de urease.

Resumo e explicação do produto:Christensen concebeu um meio de ágar ureia contendo peptona e dextrose com um teor reduzido de tampão. O meio suportava um crescimento vigoroso de muitos bacilos entéricos Gram-negativos e permitia facilmente a observação da produção de urease.

Ewing utilizou o Ágar-Ureia como meio diferencial no exame de muitas culturas de amostras de fezes. A Base de Ágar Ureia pode ser utilizada como meio de rastreio (juntamente com o Ágar Ferro Triplo Açúcar) para a seleção de culturas de Salmonella e Shigella para classificação serológica.3 A Base de Ágar Ureia é utilizada para detetar a produção de urease por leveduras. A produção de urease é um teste diferencial importante em microbiologia e está descrita nos métodos padrão.5-7

Princípios do procedimento

A digestão enzimática da gelatina fornece azoto, carbono e aminoácidos necessários para o crescimento do organismo na base de ágar ureia. A dextrose é uma fonte de energia. O cloreto de sódio mantém o equilíbrio osmótico do meio. O fosfato de mono potássio é o tampão. A ureia fornece uma fonte de azoto para os organismos que produzem urease [214].

Sangue de cavalo:

O sangue é constituído por glóbulos vermelhos (eritrócitos) e glóbulos brancos (leucócitos), bem como por plasma. Produzidos na medula óssea, os glóbulos vermelhos são responsáveis pelo transporte de oxigénio para os tecidos e pela remoção do dióxido de carbono, tudo através da hemoglobina. Os glóbulos brancos são utilizados para a defesa contra agentes patogénicos no sistema imunitário. O plasma suspende as células sanguíneas, contém factores de coagulação e contribui para o maior volume de sangue.

O coração e os vasos sanguíneos contêm aproximadamente 34 l de sangue num cavalo de 450 kg, o que equivale a cerca de 76 ml/kg.

Hemoglobina em pó:

Utilização prevista: A hemoglobina em pó é uma hemoglobina liofilizada para utilização na preparação de meios de cultura microbiológicos.

A hemoglobina em pó é obtida a partir de sangue de bovino dessecado. A hemoglobina em pó é utilizada na preparação do ágar chocolate, do meio Thayer-Martin, do meio Thayer-Martin modificado, do ágar Martin-Lewis e do ágar Transgrow. Suplementados com Hemoglobina em Pó e enriquecimento de crescimento, estes meios enriquecidos são utilizados para o isolamento e cultivo de microrganismos exigentes, especialmente *Nesseria spp.* e *Haemophilus spp.*

Princípios do procedimento: A hemoglobina em pó fornece a hemina (fator X) necessária para o crescimento de *Haemophilus* e para o crescimento melhorado de *Neisseria spp* e *Helicobacter pylori*, Na preparação do ágar chocolate, a hemoglobina em pó é utilizada numa solução a 2%. Também na preparação de diferentes meios.

Antibióticos e antifúngicos :

Vancomicina

Trimetoprim

anfotericina B

Disco de oxidase:

Utiliza discos impregnados com um reagente como a N,N,N',N'-tetrametil-p-fenilenodiamina (TMPD) ou a N,N-dimetil-p-fenilenodiamina (DMPD) . O reagente apresenta uma cor azul-escura a castanha quando oxidado e incolor quando reduzido. As bactérias oxidase-positivas possuem citocromo oxidase ou indofenol oxidase (uma hemoproteína que contém ferro). Ambos catalisam o transporte de electrões de compostos dadores (NADH) para aceitadores de electrões (normalmente oxigénio). O reagente de teste, TMPD dihydrochloride, actua como um dador artificial de electrões para a enzima oxidase. O reagente oxidado forma o composto colorido azul de indofenol.

peróxido de hidrogénio para o ensaio de catalase:
O peróxido de hidrogénio é um composto químico com a fórmula (H_2O_2) . É o peróxido mais simples (um composto com uma ligação simples oxigénio-oxigénio) e, na sua forma pura, é um líquido incolor, ligeiramente mais viscoso do que a água. Por razões de segurança, é normalmente encontrado numa solução aquosa, também incolor. O peróxido de hidrogénio é um oxidante forte e é utilizado como agente branqueador e desinfetante. O peróxido de hidrogénio concentrado, ou "peróxido de alta temperatura", é uma espécie reactiva de oxigénio e tem sido utilizado como propulsor em foguetões.

***Zinggiber officinal* e *Moringa oleifera* :**
Geinger (*Zinggiber officinal*):
As raízes de gengibre, o rizoma subterrâneo da planta *Zingiber officinal, têm sido* utilizadas como planta medicinal na Ásia, na Índia, na Jamaica e na Nigéria. Na China, o gengibre tem sido utilizado para ajudar a digestão.

As raízes de gengibre têm uma vasta gama de ação no corpo humano e têm sido consideradas eficazes no tratamento de problemas de estômago, náuseas, diarreia, constipação, gripe, congestão torácica e muitas outras doenças.

Moringa oleifera:
A Moringa oleifera "The Tree of Life" é a espécie mais cultivada do género moringaceae, tem um crescimento rápido, as árvores de Moringa são frequentemente referidas como a árvore da vida devido às suas utilizações medicinais ao longo de muitos séculos. O diâmetro das folhas é de 5-10 cm e é cultivada em todo o mundo devido às suas múltiplas utilidades. Tem uma ampla gama de temperaturas de 25 a 40 graus centígrados e necessita de solos naturais a ligeiramente ácidos.

Métodos :
15 amostras de biópsia gástrica endoscópica colhidas de pacientes que frequentam o hospital militar e o departamento do trato gastrointestinal do hospital Ibn Sina para investigar a presença de *Helicobacter pylori*. Estado de Cartum - Sudão.

Preparação:
É feita uma cultura de forma adequada para as bactérias suspeitas e adicionamos 3 antibióticos para evitar a contaminação, é feita uma subcultura após a confirmação do crescimento de *Helicobacter pylori*. Foi feita uma extração de moringa e gengibre desde o início do estudo. O teste de cultura e sensibilidade é efectuado uma vez com as folhas de moringa e outra com as raízes de gengibre.

Recolha do sangue do cavalo:
Para a preparação de meios selectivos e enriquecidos (Columbia e cérebro-coração), recolhemos o sangue de cavalo 400 ml em frascos estéreis secos contendo vidro partido para evitar a coagulação do sangue e evitar a utilização de anticoagulantes, uma vez que inibem as bactérias.

Preparação dos suportes:
Preparação da solução de hemoglobina :
A solução de hemoglobina foi preparada dissolvendo 10 g de hemoglobina em pó em

250 ml de água destilada e depois esterilizada em autoclave a 121 °C durante 15 minutos. A solução foi armazenada a 4 °C e utilizada como solução de reserva.

Preparação da solução de antibiótico :

Composição por 10 ml: 1 mg de vancomicina, 5 mg de trimetoprim e 5 mg de anfotericina B, todos os componentes adicionados a 10 ml de água destilada estéril, sem autoclavagem.

preparação de ágar Columbia por dois métodos :

1\ Classic Columbia agare :

2\ Meio de ágar ureia com hemoglobina de Columbia modificado (MCHUA):

Adicionar 41 g de base de ágar Columbia, 20 g de ureia e 0,0012 de vermelho de fenol como indicador e completar o volume com 740 ml de água destilada e esterilizar o meio em autoclave a 121 °C durante 15 minutos, sem adicionar a solução de antibiótico e a solução de hemoglobina, arrefecer até 50- 55 °C, adicionar assepticamente 250 ml de solução de hemoglobina e 10 ml de solução de antibiótico, misturar bem e verter para uma placa de Petri descartável esterilizada.

preparação de ágar de infusão cérebro-coração por três métodos :

1\ Ágar cérebro-coração clássico

2\ Meio de ágar ureia hemoglobina cérebro-coração modificado (MBHUA):

Preparação do meio:

Adicionar o componente 52g de ágar-cérebro-coração, 20g de ureia e 0,0012g de vermelho de fenol como indicador e completar o volume com 740ml de água destilada e esterilizar o meio em autoclave a 121 °C durante 15 minutos, sem adicionar a solução de antibiótico e a solução de hemoglobina, arrefecer a 50-55°C, adicionar assepticamente 10ml de solução de hemoglobina e 10ml de solução de antibiótico, misturar bem e verter para uma placa de Petri descartável esterilizada.

3\ Meio de ágar ureia com sangue de cavalo cérebro-coração modificado (MBBUA)

Preparação do meio

Adicionar o componente 52g de ágar-cérebro-coração e completar com 940 ml de água destilada e esterilizar o meio em autoclave a 121 °C durante 15 minutos, sem adicionar sangue de cavalo e solução de antibiótico, arrefecer até 50-55 °C, adicionar assepticamente 50 ml de sangue de cavalo e 10 ml de solução de antibiótico, misturar bem e verter para uma placa de Petri descartável esterilizada.

preparação de meios de ureia :

Adicionar 52 g de meio de ureia contendo vermelho de fenol como indicador e adicionar 1 litro de água destilada e, em seguida, esterilizar o meio por autoclave a 121 °C durante 15 minutos, arrefecer a 50-55 °C e adicionar 10 g de cristais de ureia, misturar bem e verter para tubos.

Preparação de folhas de Moringa oleifera e extração de gengibre :

Preparação da extração com clorofórmio e metanol:

A extração foi realizada de acordo com o método descrito por Sukhdev et. al. (2008) : 100 g de cada uma das folhas de Moringa oleifera e das raízes de gengibre foram trituradas com um almofariz e pilão e extraídas sucessivamente com clorofórmio e metanol utilizando o aparelho de extração soxhelt. A extração foi efectuada durante cerca de oito horas para o metanol até o solvente ficar incolor nos últimos tempos de sifonagem. Os solventes foram evaporados sob pressão reduzida utilizando um aparelho de evaporação rotativa. Finalmente, o extrato foi deixado ao ar em placas de Petri até à secura completa e as percentagens de rendimento foram calculadas como se segue:

Peso do extrato obtido / peso da amostra de planta x 100g

Preparação do extrato aquoso:

100 g de folhas de Moringa oleifera e raízes de gengibre foram embebidas em 500 ml de água destilada quente e deixadas até arrefecerem com agitação contínua à temperatura ambiente. O extrato foi então filtrado e congelado em profundidade. O extrato congelado foi seco no congelador até se obter um extrato em pó. A percentagem de rendimento foi calculada.

Tabela 1 : Percentagem de rendimento dos extractos:

Amostra	Clorofórmio		Metanol		Aquoso	
	Peso do extrato	Rendimento %	Peso do extrato	Rendimento %	Peso do extrato	Rendimento %
Moringa	2.305 g	2.305 %	8.197 g	8.197 %	10.238 g	10.238 %
Zinggibeel	1.308 g	1.308 %	1.034 g	1.034 %	3.263 g	3.263 %

Etanol Empresa nacional de destilação Sudão, Clorofórmio Romile UE. Soxhlet: Duran Inglaterra. Evaporador rotativo: Buchi, Suíça. Congelador: Trivac, EUA.

Cultura e subcultura de amostras :

Foram obtidas amostras de biópsia da mucosa antral de 15 doentes dispépticos consecutivos a quem foi diagnosticada úlcera péptica e gastrite por endoscopia no hospital Ibn Sina e no hospital militar. As 15 biópsias de endoscopia gástrica foram rapidamente cultivadas no prazo de 3 horas após a colheita em cinco meios diferentes, tal como preparado acima, através da centrifugação da biópsia em solução salina normal estéril e utilizando uma ansa de arame estéril para retirar uma gota do depósito e cultivar pelo método normal (primário, secundário, terciário e ziguezague). Todas as placas foram incubadas a 37°C em condições microaerofílicas, utilizando um frasco de vela sem catalisador, durante uma semana e observando o crescimento diariamente. Apenas se observou crescimento em duas amostras após 24 horas em todos os meios modificados (ágar de hemoglobina ureia de Columbia modificado (MCHUA), Ágar Hemoglobina do Coração do Cérebro Modificado (MBHUA) e Ágar Ureia do Sangue de Cavalo do Coração do Cérebro Modificado (MBBUA)) com mudanças rápidas de cor nos meios devido à hidrólise da ureia em amoníaco, que aumenta o pH do meio e altera a cor do meio para rosa.

Nos meios de ágar Columbia clássico e ágar cérebro-coração clássico, o crescimento foi observado em apenas duas amostras após 5-7 dias, com colónias mistas, colónias muito pequenas, colónias translúcidas brilhantes e outras colónias de fungos.

Depois disso, fazer uma subcultura das pequenas colónias no mesmo meio e incubar a

37°C em condições microaerofílicas até uma semana e observar o crescimento diariamente e, após uma subcultura séria, selecionar colónias puras que são pequenas colónias translúcidas e brilhantes. A *Helicobacter pylori* identificada avaliou o efeito antibacteriano in vitro do extrato metanólico e aquoso das folhas de *Moringa oleifera* e da raiz de *Zigiber officinal* contra, em comparação com a Amoxicilina, utilizando a técnica de difusão e a técnica de placa de corte.

Reação de coloração de Gram :

A maioria das bactérias pode ser diferenciada pela sua reação de gram devido a diferenças na estrutura da sua parede celular,

Testes bioquímicos :

Teste da urease:

Utilizando uma ansa reta estéril, inocular um tubo de meio de ureia com uma colónia lisa do organismo a testar. A urease produzida pelo *H.pylori* hidrolisa a ureia em amoníaco, o que aumenta o pH do meio e altera a cor do meio de amarelo (NEGATIVO) para rosa (POSITIVO), sendo o resultado positivo observado de um dia para o outro.

Teste da oxidase :

Humedecer cada disco com cerca de quatro anéis de inoculação de água desionizada e, com um bastão de madeira, transferir assepticamente uma grande massa de bactérias puras para o disco, observando-o durante 10 segundos. Se a área de inoculação se tornar azul-escura, castanha ou quase preta, então o resultado é positivo. Se não ocorrer uma mudança de cor no espaço de um minuto, o resultado é negativo.

Teste da catalase :

Verter 2-3 ml de solução de peróxido de hidrogénio a 3% num tubo de ensaio, utilizando uma vara de madeira esterilizada, remover um bom crescimento do organismo em estudo e mergulhá-lo na solução de peróxido de hidrogénio, procurando uma borbulhagem ativa imediata.

Técnicas de teste de sensibilidade:

Testes laboratoriais de sensibilidade antimicrobiana efectuados com :

A técnica de difusão foi utilizada e a cultura é examinada para detetar áreas de ausência de crescimento à volta do disco (zona de inibição).

Técnica da placa de corte:

Na técnica da placa cortada, mede-se a concentração inibitória mínima (CIM). Podem também ser utilizadas para medir a concentração bactericida mínima (CBM), que é a concentração mais baixa de antimicrobiano necessária para matar as bactérias. Um teste de placa cortada é efectuado cortando o meio de ágar após uma cultura nocturna e adicionando uma diluição de antimicrobiano à área de corte. O antimicrobiano difunde-se e a cultura é examinada para verificar se existem áreas sem crescimento à volta da área de corte (zona de inibição).

Resultado

Os resultados do presente estudo mostraram que o isolamento e a identificação *de Helicobacter pylori* ocorrem mais rapidamente quando a cultura é feita em meios modificados (ágar ureia hemoglobina de Colúmbia modificado (MCHUA), ágar ureia hemoglobina cérebro-coração modificado (MBHUA) e ágar ureia sangue de cavalo cérebro-coração modificado (MBBUA)), com mudanças rápidas de cor nos meios devido à hidrólise da ureia em amoníaco em 24 horas, o que aumenta o pH do meio e muda a cor do meio para rosa.

Nos meios de ágar Columbia clássico e ágar cérebro-coração clássico, o crescimento foi observado após 57 dias, havendo colónias mistas, colónias muito pequenas, colónias translúcidas brilhantes e outras colónias de fungos.

A contaminação bacteriana do meio não ocorreu nos meios modificados devido à adição do antibiótico ao meio. A contaminação ocorreu principalmente por fungos, porque alguns fungos eram resistentes à anfotericina B, enquanto os meios clássicos mostraram uma variação da contaminação. A taxa de crescimento de *H. pylori* no ágar clássico de cérebro-coração e no ágar clássico de Columbia foi lenta; na maioria dos casos, foram necessários 5 a 7 dias para que as colónias aparecessem. E as colónias aparecem como pequenas colónias translúcidas e minúsculas, não hemolíticas.

Os ágares de ureia com hemoglobina de Columbia modificado (MCHUA), ágar de ureia com hemoglobina de cérebro-coração modificado (MBHUA) e ágar de ureia com sangue de cavalo de cérebro-coração modificado (MBBUA) apresentaram uma maior taxa de isolamento de *H. pylori*. A contaminação foi lenta. O <u>isolamento foi muito rápido, apenas 24 horas foram necessárias para que o crescimento fosse identificado</u>. As colónias aparecem como pequenas colónias cor-de-rosa translúcidas e brilhantes. A mudança de cor do meio da placa de laranja para rosa é causada pela reação da urease.

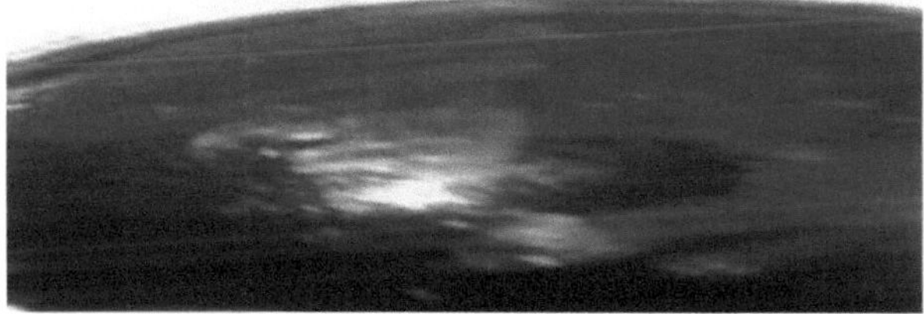

Imagem 1 : Crescimento de *Helicobacter pylori* em ágar ureia-cérebro-coração modificado

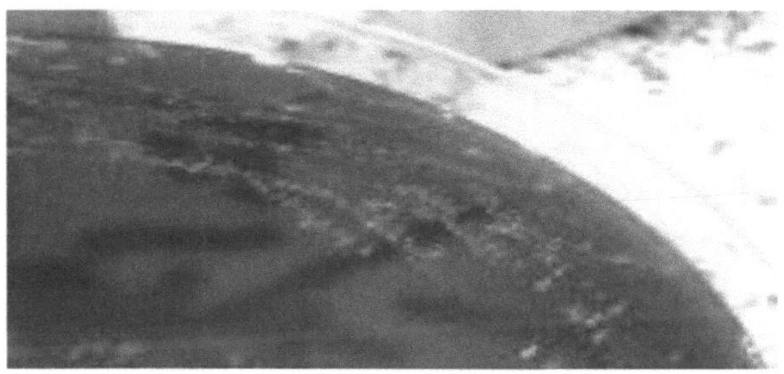

Imagem 2 : Crescimento de *Helicobacter pylori* em cérebro húmido com 5% de sangue de cavalo

Coloração de Gram:

As características desta bactéria foram observadas como bastonetes curvos Gram-negativos, em forma de espiral, dispostos individualmente ou em cadeias.

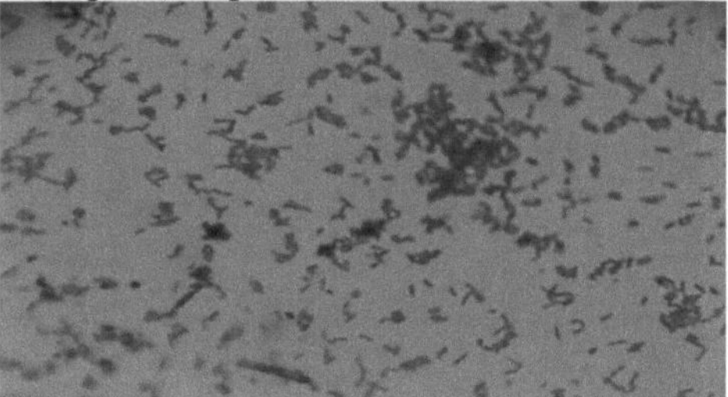

Imagem 3: *Haste* curva Gram-negativa *H.pylori*

Testes bioquímicos :

Os 3 testes bioquímicos adicionais (oxidase, catalase e urease) efectuados para confirmar a identificação de *H.pylori* :

Teste da oxidase:

Ensaio da catalase: mostra uma borbulhagem ativa imediata devido à decomposição do peróxido de hidrogénio em água e oxigénio pela enzima catalase.

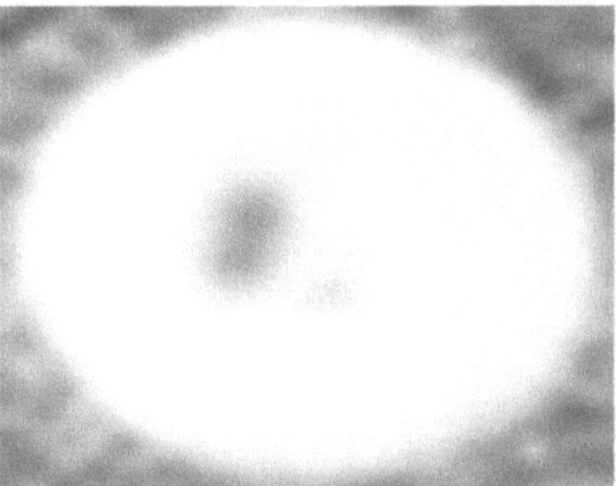

Imagem 4 : Teste de oxidase de *H. pylori* positivo de

Teste da urease :

Após incubação nocturna a 37 °C, a separação da ureia pela urease provoca a libertação de amoníaco, aumentando o pH do meio para o lado alcalino. Isto é indicado por uma mudança de cor do indicador de pH, Vermelho de Fenol, de amarelo (pH 6,8) para vermelho (pH 8,1).

Teste da urease positivo

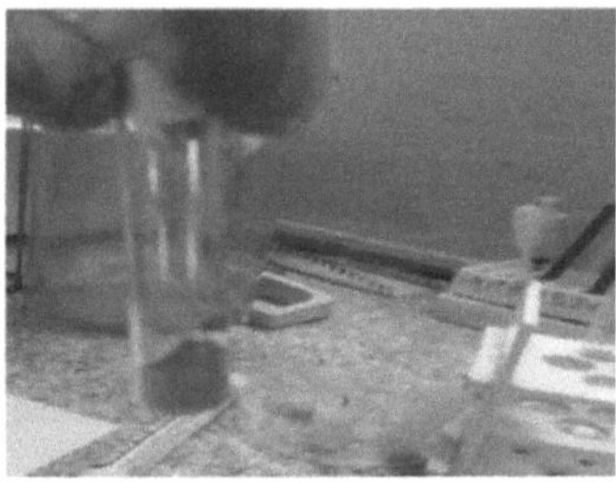

Imagem 5 : Teste da urease positivo

Resultado da *Moringa oleifera*:

20% 10% e 5% de concentração de extração de metanol de *Moringa oleifera* deu diâmetro médio de zona de inibição de *H.Pylori* 23,21 e 20 mm respetivamente (tabela 1)

20% 10% e 5% de concentração de extração aquosa de *Moringa oleifera* deram um diâmetro médio da zona de inibição de *H.pylori de* 25,24 e 24 mm respetivamente (tabela 1) O diâmetro médio da zona de inibição de *Helicobacter pylori* à volta do disco de controlo positivo (Amoxicilina) foi de 20 mm.

Quadro 1: Sensibilidade da *Moringa oleifera*:

Concentração do extrato metanólico de *Moringa oleifera*	Diâmetro médio da zona de inibição de *H.Pylori* em mm	Concentração do extrato aquoso de *Moringa oleifera*	Diâmetro médio da zona de inibição de *H. pylori* em mm
Con 20%	23	Con 20%	25
Con 10%	21	Con 10%	24
Con 5%	20	Con 5%	24

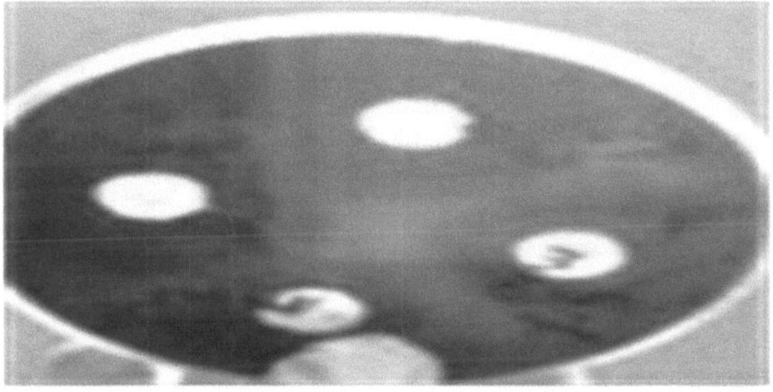

Imagem 6 : Zona de inibição de *Moringa oleifera* em cultura de *H. pylri*

Resultado de *Zingiber officinal*:

20% 10% e 5% de concentração de extração de metanol de *raízes oficinais de zinggiber* deram um diâmetro médio de zona de inibição de *H.Pylori de* 19,17 e 14 mm, respetivamente

20% 10% e 5% Concentração de extração aquosa de raízes de *Zingiber officinal*
O diâmetro médio da zona de inibição de *H. Pylori* foi de 19, 17 e 14 mm, respetivamente

O diâmetro médio da zona de inibição *da Helicobacter pylori* em torno do disco de controlo positivo (Amoxicilina) foi de 20 mm.

tabela 2 : Sensibilidade do *Zingiber officinal*

Concentração do extrato metanólico de *Zingiber officinal*	Diâmetro médio de *inibição da H.* Pylori zona em mm	Concentração do extrato aquoso de *Zingiber officinal*	Diâmetro médio da zona de inibição de *H. pylori* em mm
Con 20%	19	Con 20%	19
Con 10%	17	Con 10%	16
Con 5%	16	Con 5%	14

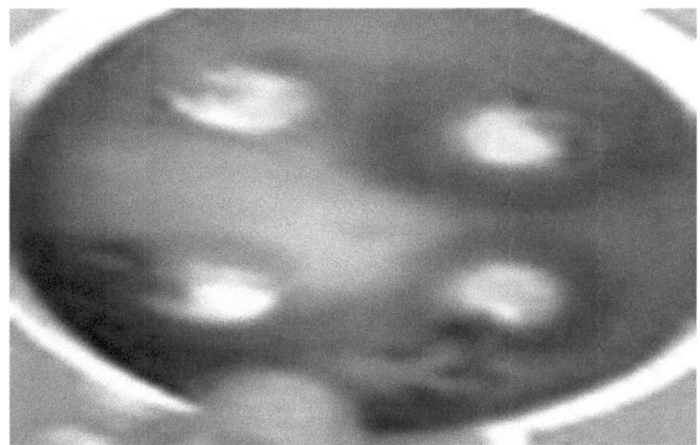

Imagem 7 : Zona de inibição de *Zingiber officinal* em *cultura de H. pylri*

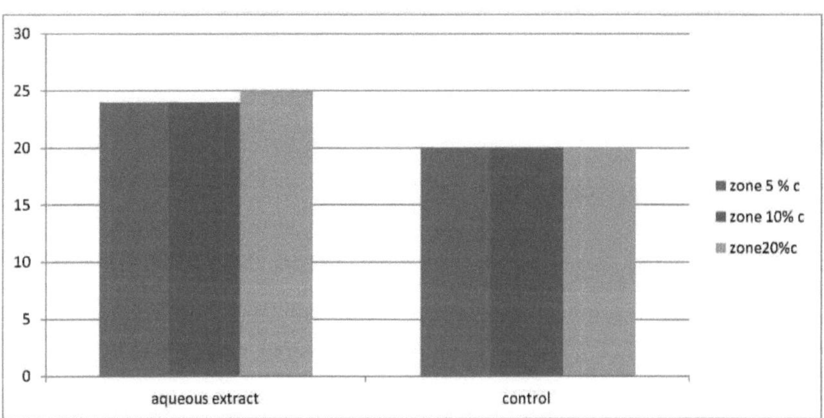

Imagem 1: A zona de comparação entre diferentes concentrações de extrato aquoso de *Moringa oleifera* (20%, 10% e 2,5%) e o controlo positivo (Amoxicilina) contra *Helicobacter pylori*.

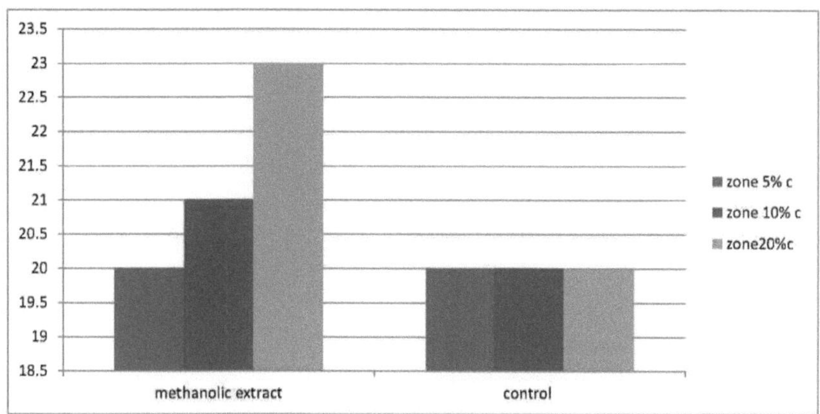

Imagem 2: A zona de comparação entre diferentes concentrações de extrato metanólico de *Moringa oleifera* (20%, 10% e 2,5%) e controlo positivo (Amoxicilina) contra *Helicobacter pylori*.

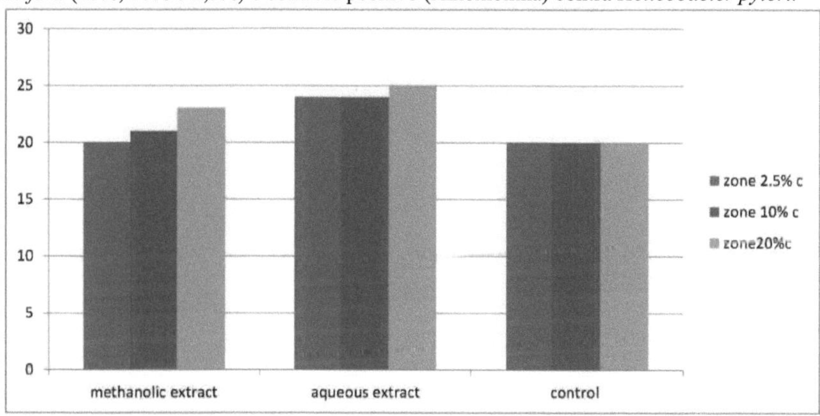

Imagem 3: A zona de comparação entre diferentes concentrações de extrato aquoso e extrato metanólico de *Moringa oleifera* (20%, 10% e 5%) e controlo positivo (Amoxicilina) contra *Helicobacter pylori*.

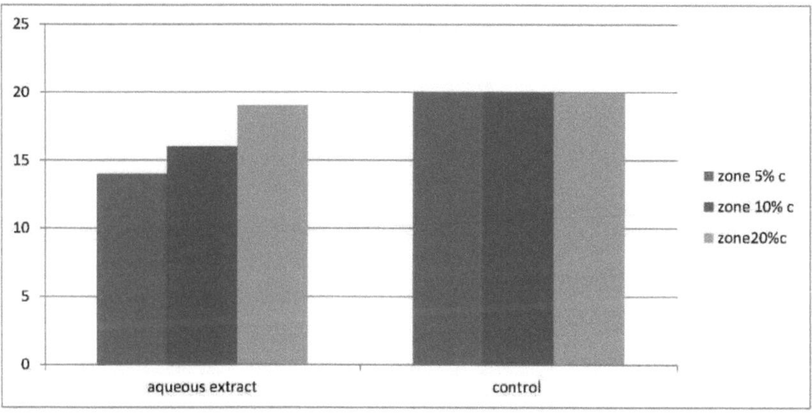

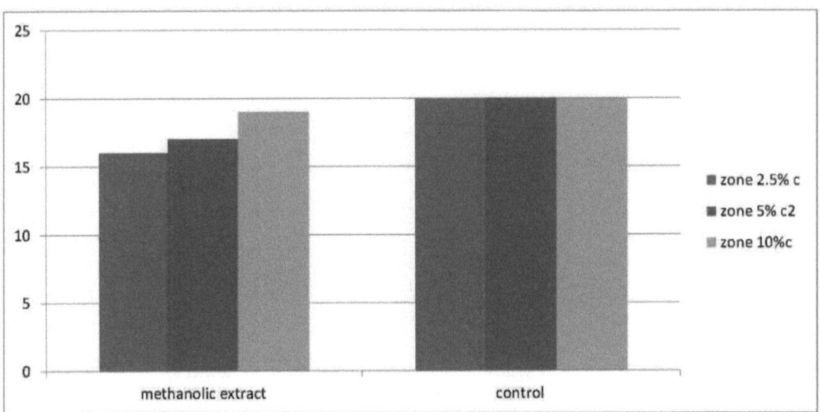

Imagem 5A zona de comparação entre diferentes concentrações de extrato metanólico de *Zingiber officinal* (10%, 5% e 2,5%) e o controlo positivo (Amoxicilina) contra *Helicobacter pylori*.

Referências

Solnick JV, Vandamme P. Taxonomia do Género Helicobacter. In: Mobley HLT, Mendz GL,
Hazell SL, editores. *Helicobacter pylori*: Physiology and Genetics. Washington (DC) 2001.

Bode G, Mauch F, Ditschuneit H, Malfertheiner P. Identificação de estruturas que contêm
polifosfato em *Helicobacter pylori*. Jornal de microbiologia geral. 1993;139(12):3029-33.

Shen Z, Fox JG, Dewhirst FE, Paster BJ, Foltz CJ, Yan L, et al. Helicobacter rodentium sp.
nov., uma espécie de Helicobacter urease-negativa isolada de ratos de laboratório.
Revista internacional de bacteriologia sistemática. 1997;47(3):627-34.

Yong X, Tang B, Li BS, Xie R, Hu CJ, Luo G, et al. O fator de virulência CagA da
Helicobacter pylori
promove a tumorigénese do cancro gástrico através de múltiplas vias de sinalização.
Comunicação e sinalização celular: CCS. 2015;13:30.

Andersen LP, Wadstrom T. Bacteriologia e cultura básicas. In: Mobley HLT, Mendz GL,
Hazell SL, editores. Helicobacter pylori: Physiology and Genetics. Washington (DC) 2001.

Mobley HLT, Mendz GL, Hazell SL. Overview. In: Mobley HLT, Mendz GL, Hazell SL,
editores. Helicobacter pylori: Physiology and Genetics. Washington (DC) 2001.

Harry LT Mobley GLM, e Stuart L Hazell. *Helicobacter pylori* Physiology and Genetics.
Washington (DC): ASM Press; 2001.

Steer HW. Morfologia da superfície da mucosa gastroduodenal na ulceração duodenal. Gut.
1984;25(11):1203-10.

Warren JR, Marshall B. Bacilos curvos não identificados no epitélio gástrico em doentes crónicos activos
gastrite. Lancet. 1983;1(8336):1273-5.

McNulty CA, Watson DM. Bactérias em espiral do antro gástrico. Lancet.
1984;1(8385):1068-9.

Marshall BJ. One Hundred Years of Discovery and Rediscovery of *Helicobacter pylori* and Its
Associação com a doença da úlcera péptica. In: Mobley HLT, Mendz GL, Hazell SL,
editores. Helicobacter pylori: Physiology and Genetics. Washington (DC) 2001.

O'Rourke J, Bode G. Morphology and Ultrastructure (Morfologia e Ultra-estrutura). In:
Mobley HLT, Mendz GL, Hazell SL, editores. Helicobacter pylori: Physiology and
Genetics. Washington (DC) 2001.

Worku ML, Sidebotham RL, Walker MM, Keshavarz T, Karim QN. The relationship
between *Helicobacter pylori* motility, morphology and phase of growth: implications
for gastric colonization and pathology. Microbiology. 1999;145 (Pt 10):2803-11.

Eaton KA, Morgan DR, Krakowka S. Motilidade como fator na colonização de leitões
gnotobióticos por Helicobacter pylori. Journal of medical microbiology.
1992;37(2):123-7.

Costa K, Bacher G, Allmaier G, Dominguez-Bello MG, Engstrand L, Falk P, et al. A
transição morfológica das células de *Helicobacter pylori* de espiral para cocóide é
precedida por uma modificação substancial da parede celular. Journal of bacteriology.
1999;181(12):3710-5.

Bereswill S, Waidner U, Odenbreit S, Lichte F, Fassbinder F, Bode G, et al. Análise estrutural, funcional e mutacional do gene pfr que codifica uma ferritina de Helicobacter pylori. Microbiology. 1998;144 (Pt 9):2505-16.

Austin JW, Doig P, Stewart M, Trust TJ. Estrutura macromolecular e estados de agregação da urease de *Helicobacter pylori*. Journal of bacteriology. 1991;173(18):5663-7.

Austin JW, Doig P, Stewart M, Trust TJ. Comparação estrutural de urease e um análogo de GroEL de Helicobacter pylori. Journal of bacteriology. 1992;174(22):7470-3.

Doig P, Trust TJ. Identificação de antigénios da membrana externa de Helicobacter pylori expostos à superfície. Infection and immunity. 1994;62(10):4526-33.

Kusters JG, Gerrits MM, Van Strijp JA, Vandenbroucke-Grauls CM. Coccoid forms of *Helicobacter pylori* are the morphologic manifestation of cell death. Infeção e imunidade. 1997;65(9):3672-9.

Bode G, Mauch F, Malfertheiner P. As formas cocóides de Helicobacter pylori. Critérios para a sua viabilidade. Epidemiologia e infeção. 1993;111(3):483-90.

Ren Z, Pang G, Musicka M, Dunkley M, Batey R, Beagley K, et al. Formas cocóides de A *Helicobacter pylori* pode ser viável. Microbios. 1999;97(388):153-63.

DeLoney CR, Schiller NL. Competição de vários antibióticos beta-lactâmicos pelos principais proteínas de ligação à penicilina de Helicobacter pylori: atividade antibacteriana e efeitos na morfologia bacteriana. Antimicrobial agents and chemotherapy. 1999;43(11):2702-9.

Benaissa M, Babin P, Quellard N, Pezennec L, Cenatiempo Y, Fauchere JL. Changes in *Helicobacter pylori* ultrastructure and antigens during conversion from the bacillary to the coccoid form. Infeção e imunidade. 1996;64(6):2331-5.

Worku ML, Sidebotham RL, Karim QN. Effects of ranitidine bismuth citrate on *Helicobacter pylori* motility, morphology and survival. Alimentary pharmacology & therapeutics. 1999;13(6):753- 60.

Nakao M, Tada M, Tsuchimori K, Uekata M. Antibacterial properties of lansoprazole alone and in combination with antimicrobial agents against Helicobacter pylori. Jornal Europeu de Microbiologia Clínica e Doenças Infecciosas: publicação oficial da Sociedade Europeia de Microbiologia Clínica. 1995;14(5):391-9.

Ogata M, Araki K, Ogata T. Estudo microscópico eletrónico da *Helicobacter pylori* na camada de gel mucoso superficial. Histologia e histopatologia. 1998;13(2):347-58.

Micots I, Augeron C, Laboisse CL, Muzeau F, Megraud F. Mucin exocytosis: a major target for Helicobacter pylori. Journal of clinical pathology. 1993;46(3):241-5.

Segal ED, Falkow S, Tompkins LS. *Helicobacter pylori* attachment to gastric cells induces cytoskeletal rearrangements and tyrosine phosphorylation of host cell proteins. Actas da Academia Nacional de Ciências dos Estados Unidos da América. 1996;93(3):1259-64.

Monstein HJ, Jonasson J. Differential virulence-gene mRNA expression in coccoid forms of Helicobacter pylori. Biochemical and biophysical research communications. 2001;285(2):530-6.

Lee A, O'Rourke J, De Ungria MC, Robertson B, Daskalopoulos G, Dixon MF. Um modelo padronizado de ratinho da infeção por *Helicobacter pylori*: introdução da estirpe de Sydney. Gastroenterology. 1997;112(4):1386-97.

Stein M, Rappuoli R, Covacci A. Tyrosine phosphorylation of the *Helicobacter pylori* CagA antigen after cag-driven host cell translocation. Actas da Academia Nacional de Ciências dos Estados Unidos da América. 2000;97(3):1263-8.

Pai R, Cover TL, Tarnawski AS. *Helicobacter pylori* vacuolating cytotoxin (VacA) disorganizes the cytoskeletal architecture of gastric epithelial cells. Biochemical and biophysical research communications. 1999;262(1):245-50.

Hotchin NA, Cover TL, Akhtar N. Cell vacuolation induced by the VacA cytotoxin of *Helicobacter pylori* is regulated by the Rac1 GTPase. The Journal of biological chemistry. 2000;275(19):14009-12.

Terres AM, Pajares JM, Hopkins AM, Murphy A, Moran A, Baird AW, et al. *Helicobacter pylori* disrupts epithelial barrier function in a process inhibited by protein kinase C activators. Infection and immunity. 1998;66(6):2943-50.

Evans DG, Evans DJ, Jr., Graham DY. Adherence and internalization of *Helicobacter pylori* by HEp-2 cells. Gastroenterology. 1992;102(5):1557-67.

Birkness KA, Gold BD, White EH, Bartlett JH, Quinn FD. Modelos in vitro para estudar a fixação e a invasão da Helicobacter pylori. Anais da Academia de Ciências de Nova Iorque. 1996;797:293-5.

Cave DR. *Helicobacter pylori* e a sua interação com as células principais e parietais. O jornal de Yale de biologia e medicina. 1996;69(1):91-8.

Smith JI, Drumm B, Neumann AW, Policova Z, Sherman PM. In vitro surface properties of the newly recognized gastric pathogen Helicobacter pylori. Infection and immunity. 1990;58(9):3056-60.

O'Toole PW, Clyne M. Cell Envelope. In: Mobley HLT, Mendz GL, Hazell SL, editores.
Helicobacter pylori: Physiology and Genetics (Helicobacter pylori: Fisiologia e Genética). Washington (DC) 2001.

Tomb JF, White O, Kerlavage AR, Clayton RA, Sutton GG, Fleischmann RD, et al. The sequência completa do genoma do agente patogénico gástrico Helicobacter pylori. Nature. 1997;388(6642):539- 47.

Harris AG, Hazell SL, Netting AG. Utilização de ampicilina marcada com digoxigenina na identificação de proteínas de ligação à penicilina em Helicobacter pylori. The Journal of antimicrobial chemotherapy. 2000;45(5):591-8.

Geis G, Leying H, Suerbaum S, Opferkuch W. Unusual fatty acid substitution in lipids and lipopolysaccharides of Helicobacter pylori. Jornal de microbiologia clínica. 1990;28(5):930-2.

Hirai Y, Haque M, Yoshida T, Yokota K, Yasuda T, Oguma K. Unique cholesteryl glucosides in Helicobacter pylori: composition and structural analysis. Jornal de bacteriologia.
1995;177(18):5327-33.

Walsh EJ, Moran AP. Influência da composição do meio no crescimento e na expressão de antigénios de Helicobacter pylori. Journal of applied microbiology. 1997;83(1):67-75.

Moran AP, Lindner B, Walsh EJ. Caracterização estrutural do componente lipídico A dos lipopolissacáridos de forma rugosa e lisa de *Helicobacter pylori*. Journal of bacteriology. 1997;179(20):6453-63.

Aspinall GO, Monteiro MA. Lipopolissacáridos das estirpes P466 e MO19 de *Helicobacter pylori*: estruturas do antigénio O e das regiões oligossacáridas centrais. Biochemistry. 1996;35(7):2498- 504.

Muotiala A, Helander IM, Pyhala L, Kosunen TU, Moran AP. Baixa atividade biológica do lipopolissacárido de *Helicobacter pylori*. Infection and immunity. 1992;60(4):1714-6.

Aspinall GO, Monteiro MA, Pang H, Walsh EJ, Moran AP. Lipopolissacárido da estirpe do tipo *Helicobacter pylori* NCTC 11637 (ATCC 43504): estrutura da cadeia do antigénio O e regiões oligossacáridas centrais. Biochemistry. 1996;35(7):2489-97.

Monteiro MA, Chan KH, Rasko DA, Taylor DE, Zheng PY, Appelmelk BJ, et al. Expressão simultânea de antigénios do grupo sanguíneo Lewis tipo 1 e tipo 2 por lipopolissacáridos de *Helicobacter pylori*. Mimetismo molecular entre os lipopolissacáridos de H. pylori e as glicofórmulas da superfície das células epiteliais gástricas humanas. The Journal of biological chemistry. 1998;273(19):11533-43.

Ge Z, Chan NW, Palcic MM, Taylor DE. Clonagem e expressão heteróloga de um gene de alfa1,3- fucosiltransferase do agente patogénico gástrico Helicobacter pylori. The Journal of biological chemistry. 1997;272(34):21357-63.

Wang G, Boulton PG, Chan NW, Palcic MM, Taylor DE. Nova *Helicobacter pylori* alfa1,2- fucosiltransferase, uma enzima chave na síntese de antigénios de Lewis. Microbiology. 1999;145 (Pt 11):3245-53.

Logan SM, Conlan JW, Monteiro MA, Wakarchuk WW, Altman E. Functional genomics of Helicobacter pylori: identification of a beta-1,4 galactosyltransferase and generation of mutants with altered lipopolysaccharide. Microbiologia molecular. 2000;35(5):1156-67.

Simoons-Smit IM, Appelmelk BJ, Verboom T, Negrini R, Penner JL, Aspinall GO, et al. Tipagem de *Helicobacter pylori* com anticorpos monoclonais contra antigénios Lewis no lipopolissacárido. Journal of clinical microbiology. 1996;34(9):2196-200.

Appelmelk BJ, Shiberu B, Trinks C, Tapsi N, Zheng PY, Verboom T, et al. Phase variation in *Helicobacter pylori* lipopolysaccharide. Infection and immunity. 1998;66(1):70-6.

Appelmelk BJ, Martin SL, Monteiro MA, Clayton CA, McColm AA, Zheng P, et al. Variação de fase no lipopolissacárido de *Helicobacter pylori* devido a alterações nos comprimentos dos tratos poli(C) nos genes da alfa3-fucosiltransferase. Infeção e imunidade. 1999;67(10):5361-6.

McGowan CC, Necheva A, Thompson SA, Cover TL, Blaser MJ. Expressão induzida por ácido de um gene associado a LPS em Helicobacter pylori. Molecular microbiology. 1998;30(1):19-31.

Edwards NJ, Monteiro MA, Faller G, Walsh EJ, Moran AP, Roberts IS, et al. As estruturas de Lewis X na cadeia lateral do antigénio O promovem a adesão da *Helicobacter pylori* ao epitélio gástrico. Molecular microbiology. 2000;35(6):1530-9.

Hunt RH. Hp e pH - a relevância do ácido gástrico para o tratamento da infeção por *Helicobacter pylori*. Journal of gastroenterology. 1994;29 Suppl 7:128-33.

Phadnis SH, Parlow MH, Levy M, Ilver D, Caulkins CM, Connors JB, et al. A localização na superfície da urease de *Helicobacter pylori* e de um homólogo da proteína de choque térmico requer autólise bacteriana. Infection and immunity. 1996;64(3):905-12.

Dunn BE, Vakil NB, Schneider BG, Miller MM, Zitzer JB, Peutz T, et al. Localization of *Helicobacter pylori* urease and heat shock protein in human gastric biopsies. Infection and immunity. 1997;65(4):1181-8.

Spiegelhalder C, Gerstenecker B, Kersten A, Schiltz E, Kist M. Purificação de *Helicobacter pylori* superóxido dismutase e clonagem e sequenciação do gene. Infection and immunity. 1993;61(12):5315-25.

Scott DR, Weeks D, Hong C, Postius S, Melchers K, Sachs G. The role of internal urease in acid resistance of Helicobacter pylori. Gastroenterology. 1998;114(1):58-70.

Vanet A, Labigne A. Evidence for specific secretion rather than autolysis in the release of some Proteínas de *Helicobacter pylori*. Infeção e imunidade. 1998;66(3):1023-7.

Krishnamurthy P, Parlow M, Zitzer JB, Vakil NB, Mobley HL, Levy M, et al. *Helicobacter pylori* contendo apenas urease citoplasmática é suscetível ao ácido. Infeção e imunidade. 1998;66(11):5060-6.

Icatlo FC, Jr., Kuroki M, Kobayashi C, Yokoyama H, Ikemori Y, Hashi T, et al. Affinity purification of *Helicobacter pylori* urease. Relevância para a aderência da mucina gástrica pela proteína urease. The Journal of biological chemistry. 1998;273(29):18130-8.

Clyne M, Drumm B. A enzima urease da *Helicobacter pylori* não funciona como uma adesina. Infection and immunity. 1996;64(7):2817-20.

Covacci A, Rappuoli R. Helicobacter pylori: evolução molecular de uma quase-espécie bacteriana. Opinião atual em microbiologia. 1998;1(1):96-102.

Cover TL. The vacuolating cytotoxin of Helicobacter pylori. Microbiologia molecular. 1996;20(2):241-6.

Exner MM, Doig P, Trust TJ, Hancock RE. Isolamento e caraterização de uma família de proteínas porinas de Helicobacter pylori. Infection and immunity. 1995;63(4):1567-72.

Bina J, Bains M, Hancock RE. Functional expression in Escherichia coli and membrane topology of porin HopE, a member of a large family of conserved proteins in Helicobacter pylori. Journal of bacteriology. 2000;182(9):2370-5.

Tufano MA, Rossano F, Catalanotti P, Liguori G, Capasso C, Ceccarelli MT, et al. Actividades imunobiológicas das porinas de *Helicobacter pylori*. Infeção e imunidade. 1994;62(4):1392-9.

Alm RA, Ling LS, Moir DT, King BL, Brown ED, Doig PC, et al. Sequência genómica comparação de dois isolados não relacionados do agente patogénico gástrico humano Helicobacter pylori. Nature. 1999;397(6715):176-80.

Boren T, Falk P, Roth KA, Larson G, Normark S. Attachment of *Helicobacter pylori* to human gastric epithelium mediated by blood group antigens. Science. 1993;262(5141):1892-5.

Ilver D, Arnqvist A, Ogren J, Frick IM, Kersulyte D, Incecik ET, et al. Antigénios do grupo sanguíneo histo-bloco fucosilados de ligação à adesina da *Helicobacter pylori* revelados por retotipagem. Science. 1998;279(5349):373-7.

Peck B, Ortkamp M, Diehl KD, Hundt E, Knapp B. Conservação, localização e expressão de HopZ, uma proteína envolvida na adesão de Helicobacter pylori. Nucleic acids research. 1999;27(16):3325-33.

Odenbreit S, Till M, Hofreuter D, Faller G, Haas R. Genetic and functional characterization of the alpAB gene locus essential for the adhesion of *Helicobacter pylori* to human gastric tissue. Molecular microbiology. 1999;31(5):1537-48.

Valkonen KH, Wadstrom T, Moran AP. Identificação da proteína de ligação à laminina específica da Helicobacter pylori, a N-acetilneuraminilactose. Infection and immunity. 1997;65(3):916-23.

Worst DJ, Otto BR, de Graaff J. Iron-repressible outer membrane proteins of *Helicobacter pylori* involved in heme uptake. Infection and immunity. 1995;63(10):4161-5.

Worst DJ, Sparrius M, Kuipers EJ, Kusters JG, de Graaff J. Human serum antibody response against iron-repressible outer membrane proteins of Helicobacter pylori. FEMS microbiology letters. 1996;144(1):29-32.

Evans DJ, Jr., Evans DG, Takemura T, Nakano H, Lampert HC, Graham DY, et al. Characterization of a *Helicobacter pylori* neutrophil-activating protein. Infection and immunity. 1995;63(6):2213-20.

Teneberg S, Miller-Podraza H, Lampert HC, Evans DJ, Jr., Evans DG, Danielsson D, et al. Carbohydrate binding specificity of the neutrophil-activating protein of Helicobacter pylori. The Journal of biological chemistry. 1997;272(30):19067-71.

Namavar F, Sparrius M, Veerman EC, Appelmelk BJ, Vandenbroucke-Grauls CM. Neutrophilactivating protein mediates adhesion of *Helicobacter pylori* to sulfated carbohydrates on high- molecular-weight salivary mucin. Infeção e imunidade. 1998;66(2):444-7.

Evans DJ, Jr., Evans DG, Lampert HC, Nakano H. Identificação de quatro novas bacterioferritinas procarióticas, de Helicobacter pylori, Anabaena variabilis, Bacillus subtilis e Treponema pallidum, por análise de sequências genéticas. Gene.

1995;153(1):123-7.

Tonello F, Dundon WG, Satin B, Molinari M, Tognon G, Grandi G, et al. A proteína activadora de neutrófilos da *Helicobacter pylori* é uma proteína de ligação ao ferro com estrutura dodecamérica. Molecular microbiology. 1999;34(2):238-46.

Josenhans C, Eaton KA, Thevenot T, Suerbaum S. Switching of flagellar motility in *Helicobacter pylori* by reversible length variation of a short homopolymeric sequence repeat in fliP, a gene encoding a basal body protein. Infeção e imunidade. 2000;68(8):4598-603.

Evans DG, Karjalainen TK, Evans DJ, Jr., Graham DY, Lee CH. Clonagem, sequência nucleotídica e expressão de um gene que codifica uma proteína da subunidade adesina de Helicobacter pylori. Journal of bacteriology. 1993;175(3):674-83.

Jones AC, Logan RP, Foynes S, Cockayne A, Wren BW, Penn CW. A flagellar sheath protein of *Helicobacter pylori* is identical to HpaA, a putative N-acetylneuraminyllactose-binding hemagglutininin, but is not an adhesin for AGS cells. Journal of bacteriology. 1997;179(17):5643-7.

Kostrzynska M, Betts JD, Austin JW, Trust TJ. Identificação, caraterização e localização espacial de duas espécies de flagelina nos flagelos de *Helicobacter pylori*. Journal of bacteriology. 1991;173(3):937-46.

Josenhans C, Labigne A, Suerbaum S. Comparative ultrastructural and functional studies of *Helicobacter pylori* and Helicobacter mustelae flagellin mutants: both flagellin subunits, FlaA and FlaB, are necessary for full motility in Helicobacter species. Journal of bacteriology. 1995;177(11):3010-20.

O'Toole PW, Lane MC, Porwollik S. *Helicobacter pylori* motility. Micróbios e infeção. 2000;2(10):1207-14.

O'Toole PW, Kostrzynska M, Trust TJ. Mutantes não-móveis de *Helicobacter pylori* e Helicobacter mustelae com defeito na produção de ganchos flagelares. Molecular microbiology. 1994;14(4):691-703.

Kim JS, Chang JH, Chung SI, Yum JS. Molecular cloning and characterization of the *Helicobacter pylori* fliD gene, an essential fator in flagellar structure and motility. Journal of bacteriology. 1999;181(22):6969-76.

Clyne M, Ocroinin T, Suerbaum S, Josenhans C, Drumm B. Adherence of isogenic flagellumnegative mutants of *Helicobacter pylori* and Helicobacter mustelae to human and ferret gastric epithelial cells. Infection and immunity. 2000;68(7):4335-9.

Porwollik S, Noonan B, O'Toole PW. Caracterização molecular de um locus de exportação flagelar de Helicobacter pylori. Infection and immunity. 1999;67(5):2060-70.

Huang J, Keeling PW, Smyth CJ. Identificação de antigénios de ligação aos eritrócitos na Helicobacter pylori. Journal of General Microbiology. 1992;138(7):1503-13.

Keenan J, Oliaro J, Domigan N, Potter H, Aitken G, Allardyce R, et al. A resposta imunitária a um antigénio da membrana externa de 18 quilodaltons identifica a lipoproteína 20 como candidata a vacina contra *a Helicobacter pylori*. Infection and immunity. 2000;68(6):3337-43.

Eaton KA, Brooks CL, Morgan DR, Krakowka S. Essential role of urease in pathogenesis of gastritis induced by *Helicobacter pylori* in gnotobiotic piglets. Infection and immunity. 1991;59(7):2470-5.

Miller-Podraza H, Bergstrom J, Teneberg S, Milh MA, Longard M, Olsson BM, et al. *Helicobacter pylori* and neutrophils: sialic acid-dependent binding to various isolated glycoconjugates. Infection and immunity. 1999;67(12):6309-13.

Neithercut WD, Greig MA, Hossack M, McColl KE. Suicidal destruction of Helicobacter pylori: metabolic consequence of intracellular accumulation of ammonia. Journal of clinical pathology. 1991;44(5):380-4.

Hazell SL, Evans DJ, Jr., Graham DY. *Helicobacter pylori* catalase. Jornal de microbiologia geral. 1991;137(1):57-61.

Piotrowski J, Piotrowski E, Skrodzka D, Slomiany A, Slomiany BL. Indução de gastrite aguda e apoptose epitelial por lipopolissacárido de *Helicobacter pylori*. Scandinavian journal of gastroenterology. 1997;32(3):203-11.

Moran AP, Prendergast MM. Molecular mimicry in Campylobacter jejuni and *Helicobacter pylori* lipopolysaccharides: contribution of gastrointestinal infections to autoimmunity. Journal of Autoimmunity. 2001;16(3):241-56.

Sgouras DN, Trang TT, Yamaoka Y. Pathogenesis of *Helicobacter pylori* Infection (Patogénese da infeção por *Helicobacter pylori)*. Helicobacter. 2015;20 Suppl 1:8-16.

de Martel C, Forman D, Plummer M. Gastric cancer: epidemiology and risk factors. Clínicas de Gastroenterologia da América do Norte. 2013;42(2):219-40.

Zhang QJ, Yue L. Inhibitory Activityof Mangiferin on Helicobacter PyloriInduced Inflamação em células Ags de carcinoma gástrico humano. Revista africana de medicinas tradicionais, complementares e alternativas: AJTCAM. 2017;14(1):263-71.

Zaidi SF, Muhammad JS, Usmanghani K, Sugiyama T. Revisão: Pharmacological ins and outs of medicinal plants against Helicobacter pylori: A review. Jornal paquistanês de ciências farmacêuticas. 2015;28(3 Suppl):1171-6.

Sokolova O, Borgmann M, Rieke C, Schweitzer K, Rothkotter HJ, Naumann M. *A Helicobacter pylori* induz uma ativação do sistema de secreção tipo 4 dependente do sistema CagA, mas independente de IkappaBs e NF-kappaB/RelA em momentos iniciais. Revista Internacional de Microbiologia Médica: IJMM. 2013;303(8):548-52.

Wang YC. Atividade de plantas medicinais em doenças relacionadas com *Helicobacter pylori*. Revista mundial de gastroenterologia. 2014;20(30):10368-82.

Ferlay J, Soerjomataram I, Dikshit R, Eser S, Mathers C, Rebelo M, et al. Incidência e mortalidade por cancro a nível mundial: fontes, métodos e principais padrões no GLOBOCAN 2012. Revista Internacional de Cancro. 2015;136(5):E359-86.

Peek RM, Jr., Blaser MJ. *Helicobacter pylori* e adenocarcinomas do trato gastrointestinal. Nature reviews Cancer. 2002;2(1):28-37.

Butcher LD, den Hartog G, Ernst PB, Crowe SE. Oxidative Stress Resulting From *Helicobacter pylori* Infection Contributes to Gastric Carcinogenesis (Stress oxidativo resultante da infeção por *Helicobacter pylori* contribui para a carcinogénese gástrica). Gastroenterologia celular e molecular e hepatologia. 2017;3(3):316-22.

Supajatura V, Ushio H, Wada A, Yahiro K, Okumura K, Ogawa H, et al. Cutting edge: VacA, uma citotoxina vacuolante da Helicobacter pylori, ativa diretamente os mastócitos para a migração e produção de citocinas pró-inflamatórias. Journal of immunology. 2002;168(6):2603-7.

Naito Y, Yoshikawa T. Molecular and cellular mechanisms involved in Helicobacter pylori induced inflammation and oxidative stress. Free radical biology & medicine. 2002;33(3):323-36.

Dulger AC, Aslan M, Nazligul Y, Horoz M, Bolukbas C, Bolukbas FF, et al. Danos no ADN dos linfócitos periféricos e estado oxidativo após a terapia de erradicação em doentes infectados com Helicobacter pylori. Polskie Archiwum Medycyny Wewnetrznej. 2011;121(12):428-32.

Nam KT, Oh SY, Ahn B, Kim YB, Jang DD, Yang KH, et al. Diminuição da carcinogénese gástrica associada ao *Helicobacter pylori* em ratinhos com falta de óxido nítrico sintase induzível. Gut. 2004;53(9):1250-5.

Sumimoto H, Miyano K, Takeya R. Molecular composition and regulation of the Nox family NAD(P)H oxidases. Biochemical and biophysical research communications. 2005;338(1):677-86.

den Hartog G, Chattopadhyay R, Ablack A, Hall EH, Butcher LD, Bhattacharyya A, et al. Regulation of Rac1 and Reactive Oxygen Species Production in Response to

Infection of Gastrointestinal Epithelia. PLoS pathogens. 2016;12(1):e1005382.
Ding SZ, Minohara Y, Fan XJ, Wang J, Reyes VE, Patel J, et al. A infeção por *Helicobacter pylori* induz stress oxidativo e morte celular programada em células epiteliais gástricas humanas. Infection and immunity. 2007;75(8):4030-9.
Tsugawa H, Suzuki H, Saya H, Hatakeyama M, Hirayama T, Hirata K, et al. A degradação autofágica de *Helicobacter pylori* CagA induzida por espécies reactivas de oxigénio é especificamente suprimida em células estaminais cancerígenas. Cell host & microbe. 2012;12(6):764-77.
Hanada K, Uchida T, Tsukamoto Y, Watada M, Yamaguchi N, Yamamoto K, et al. A infeção por *Helicobacter pylori* introduz quebras de cadeia dupla de ADN nas células hospedeiras. Infeção e imunidade. 2014;82(10):4182-9.
Amieva M, Peek RM, Jr. Pathobiology of Helicobacter pyloriInduced Gastric Cancer (Patobiologia do cancro gástrico induzido por Helicobacter pylori). Gastroenterology. 2016;150(1):64-78.
Shahi H, Reiisi S, Bahreini R, Bagheri N, Salimzadeh L, Shirzad H. Association Between *Helicobacter pylori* cagA, babA2 Virulence Factors and Gastric Mucosal Interleukin-33 mRNA Expression and Clinical Outcomes in Dyspeptic Patients. Revista internacional de medicina molecular e celular. 2015;4(4):227-34.
Toller IM, Neelsen KJ, Steger M, Hartung ML, Hottiger MO, Stucki M, et al. O agente patogénico bacteriano carcinogénico *Helicobacter pylori* desencadeia quebras de cadeia dupla de ADN e uma resposta a danos no ADN nas suas células hospedeiras. Actas da Academia Nacional de Ciências dos Estados Unidos da América. 2011;108(36):14944-9.
Gong M, Ling SS, Lui SY, Yeoh KG, Ho B. *Helicobacter pylori* gamma-glutamyl transpeptidase is a pathogenic fator in the development of peptic ulcer disease. Gastroenterology. 2010;139(2):564-73.
Chaturvedi R, Asim M, Romero-Gallo J, Barry DP, Hoge S, de Sablet T, et al. Spermine oxidase mediates the gastric cancer risk associated with *Helicobacter pylori* CagA. Gastroenterology. 2011;141(5):1696-708 e1-2.
Kidane D, Murphy DL, Sweasy JB. A acumulação de sítios abásicos induz instabilidade genómica em células epiteliais gástricas humanas normais durante a infeção por *Helicobacter pylori*. Oncogenesis. 2014;3:e128.
Koeppel M, Garcia-Alcalde F, Glowinski F, Schlaermann P, Meyer TF. *Helicobacter pylori* Infection Causes Characteristic DNA Damage Patterns in Human Cells (Infeção por *Helicobacter pylori* causa padrões característicos de danos no ADN em células humanas). Cell reports. 2015;11(11):1703-13.
Machado AM, Figueiredo C, Touati E, Maximo V, Sousa S, Michel V, et al. A infeção por *Helicobacter pylori* induz instabilidade genética do DNA nuclear e mitocondrial em células gástricas. Clinical cancer research : an official journal of the American Association for Cancer Research. 2009;15(9):2995-3002.
Hardbower DM, de Sablet T, Chaturvedi R, Wilson KT. Inflamação crónica e stress oxidativo: a arma fumegante para o cancro gástrico induzido por Helicobacter pylori? Gut microbes. 2013;4(6):475- 81.
Choi YJ, Kim N, Chang H, Lee HS, Park SM, Park JH, et al. Helicobacter pyloriinduced epithelial-mesenchymal transition, a potential role of gastric cancer initiation and an emergence of stem cells. Carcinogenesis. 2015;36(5):553-63.
Sheh A, Lee CW, Masumura K, Rickman BH, Nohmi T, Wogan GN, et al. Mutagenic potency of *Helicobacter pylori* in the gastric mucosa of mice is determined by sex and duration of infection. Actas da Academia Nacional de Ciências dos Estados Unidos da América. 2010;107(34):15217-22.
Westblom TU, Phadnis S, Yang P, Czinn SJ. Diagnóstico da infeção por *Helicobacter pylori* através de um ensaio de reação em cadeia da polimerase para aspirados de suco

gástrico. Clinical infectious diseases : an official publication of the Infectious Diseases Society of America. 1993;16(3):367-71.

Nedenskov-Sorensen P, Aase S, Bjorneklett A, Fausa O, Bukholm G. Sampling efficiency in the diagnosis of *Helicobacter pylori* infection and chronic active gastritis. Journal of clinical microbiology. 1991;29(4):672-5.

Nilsson HO, Taneera J, Castedal M, Glatz E, Olsson R, Wadstrom T. Identification of *Helicobacter pylori* and other Helicobacter species by PCR, hybridization, and partial DNA sequencing in human liver samples from patients with primary sclerosing cholangitis or primary biliary cirrhosis. Journal of clinical microbiology. 2000;38(3):1072-6.

Tompkins DS, Dave J, Mapstone NP. Adaptação da *Helicobacter pylori* ao crescimento aeróbio. European journal of clinical microbiology & infectious diseases: publicação oficial da Sociedade Europeia de Microbiologia Clínica. 1994;13(5):409-12.

Olivieri R, Bugnoli M, Armellini D, Bianciardi S, Rappuoli R, Bayeli PF, et al. Growth of *Helicobacter pylori* in media containing cyclodextrins. Journal of clinical microbiology. 1993;31(1):160-2.

Chalk PA, Roberts AD, Blows WM. Metabolismo do piruvato e da glucose por células intactas de *Helicobacter pylori* estudadas por espetroscopia de RMN de 13C. Microbiology. 1994;140 (Pt 8):2085-92.

Andersen LP, Kiilerick S, Pedersen G, Thoreson AC, Jorgensen F, Rath J, et al. An analysis of seven different methods to diagnose *Helicobacter pylori* infections. Scandinavian journal of gastroenterology. 1998;33(1):24-30.

Hulten K, Han SW, Enroth H, Klein PD, Opekun AR, Gilman RH, et al. *Helicobacter pylori* in the drinking water in Peru. Gastroenterology. 1996;110(4):1031-5.

West AP, Millar MR, Tompkins DS. Survival of *Helicobacter pylori* in water and saline (Sobrevivência de *Helicobacter pylori* em água e soro fisiológico). Journal of clinical pathology. 1990;43(7):609.

Hua J, Ho B. A forma cocóide da *Helicobacter pylori* é viável? Microbios. 1996;87(351):103- 12.

Catrenich CE, Chestnut MH. Character and origin of vacuoles induced in mammalian cells by the cytotoxin of Helicobacter pylori. Journal of medical microbiology. 1992;37(6):389-95.

Janas B, Czkwdianianc E, Bak-Romaniszyn L, Bartel H, Tosik D, Planeta-Malecka I. Estudo de microscopia eletrónica da associação entre formas cocóides de *Helicobacter pylori* e células epiteliais gástricas. Jornal americano de gastroenterologia. 1995;90(10):1829-33.

Chan WY, Hui PK, Leung KM, Chow J, Kwok F, Ng CS. Coccoid forms of *Helicobacter pylori* in the human stomach. American journal of clinical pathology. 1994;102(4):503-7.

Morris A, Nicholson G, Lloyd G, Haines D, Rogers A, Taylor D. Seroepidemiology of Campylobacter pyloridis. The New Zealand medical journal. 1986;99(809):657-9.

Vaira D, D'Anastasio C, Holton J, Dowsett JF, Londei M, Bertoni F, et al. Campylobacter pylori in abattoir workers: is it a zoonosis? Lancet. 1988;2(8613):725-6.

Mitchell HM. Epidemiologia da Infeção. In: Mobley HLT, Mendz GL, Hazell SL, editores. Helicobacter pylori: Physiology and Genetics. Washington (DC) 2001.

Dore MP, Bilotta M, Vaira D, Manca A, Massarelli G, Leandro G, et al. Elevada prevalência de infeção por *Helicobacter pylori* em pastores. Digestive diseases and sciences. 1999;44(6):1161-4.

Dore MP, Sepulveda AR, Osato MS, Realdi G, Graham DY. *Helicobacter pylori* no leite de ovelha. Lancet. 1999;354(9173):132.

Handt LK, Fox JG, Dewhirst FE, Fraser GJ, Paster BJ, Yan LL, et al. *Helicobacter pylori* isolado do gato doméstico: implicações para a saúde pública. Infection and immunity. 1994;62(6):2367- 74.

Osato MS, Ayub K, Le HH, Reddy R, Graham DY. Houseflies are an unlikely reservoir or vetor for Helicobacter pylori. Journal of clinical microbiology. 1998;36(9):2786-8.

Goodman KJ, Correa P, Tengana Aux HJ, Ramirez H, DeLany JP, Guerrero Pepinosa O, et al. *Helicobacter pylori* infection in the Colombian Andes: a population-based study of transmission pathways. American journal of epidemiology. 1996;144(3):290-9.

Camargo MC, Beltran M, Conde-Glez CJ, Harris PR, Michel A, Waterboer T, et al. Serological response to *Helicobacter pylori* infection among Latin American populations with contrasting risks of gastric cancer. International journal of cancer. 2015;137(12):3000-5.

Malaty HM, Kumagai T, Tanaka E, Ota H, Kiyosawa K, Graham DY, et al. Evidence from a nine-year birth cohort study in Japan of transmission pathways of *Helicobacter pylori* infection (Evidência de um estudo de coorte de nascimentos de nove anos no Japão sobre as vias de transmissão da infeção por *Helicobacter pylori*). Journal of clinical microbiology. 2000;38(5):1971-3.

Sarker SA, Rahman MM, Mahalanabis D, Bardhan PK, Hildebrand P, Beglinger C, et al. Prevalência da infeção por *Helicobacter pylori* em bebés e contactos familiares numa comunidade pobre do Bangladesh. Digestive diseases and sciences. 1995;40(12):2669-72.

Brenner H, Rothenbacher D, Bode G, Dieudonne P, Adler G. Infeção ativa por *Helicobacter pylori* em casais saudáveis. Epidemiologia e infeção. 1999;122(1):91-5.

Suzuki J, Muraoka H, Kobayasi I, Fujita T, Mine T. Rara incidência de transmissão interespinhosa de *Helicobacter pylori* em indivíduos assintomáticos no Japão. Journal of clinical microbiology. 1999;37(12):4174-6.

Malaty HM, Graham DY. Importância do estatuto socioeconómico da infância na prevalência atual da infeção por *Helicobacter pylori*. Gut. 1994;35(6):742-5.

Malaty HM, Graham DY, Isaksson I, Engstrand L, Pedersen NL. Co-twin study of the effect of environment and dietary elements on acquisition of *Helicobacter pylori* infection (Estudo co-gémeo do efeito do ambiente e dos elementos alimentares na aquisição da infeção por *Helicobacter pylori*). American journal of epidemiology. 1998;148(8):793-7.

Mendall MA, Goggin PM, Molineaux N, Levy J, Toosy T, Strachan D, et al. Childhood living conditions and *Helicobacter pylori* seropositivity in adult life. Lancet. 1992;339(8798):896-7.

Parsonnet J, Shmuely H, Haggerty T. Fecal and oral shedding of *Helicobacter pylori* from healthy infected adults. Jama. 1999;282(23):2240-5.

Luzza F, Mancuso M, Imeneo M, Contaldo A, Giancotti L, Pensabene L, et al. Evidence favouring the gastro-oral route in the transmission of *Helicobacter pylori* infection in children. European journal of gastroenterology & hepatology. 2000;12(6):623-7.

Krajden S, Fuksa M, Anderson J, Kempston J, Boccia A, Petrea C, et al. Examination of human stomach biopsies, saliva, and dental plaque for Campylobacter pylori. Journal of clinical microbiology. 1989;27(6):1397-8.

Shames B, Krajden S, Fuksa M, Babida C, Penner JL. Evidence for the occurrence of the same strain of Campylobacter pylori in the stomach and dental plaque. Journal of clinical microbiology. 1989;27(12):2849-50.

Ferguson DA, Jr., Li C, Patel NR, Mayberry WR, Chi DS, Thomas E. Isolamento de *Helicobacter pylori* da saliva. Journal of clinical microbiology. 1993;31(10):2802-4.

Albenque M. TF, Dabis F., Megraud F. Estudo epidemiológico da transmissão de *Helicobacter pylori* de mãe para filho em África. Enferm Digest. 1990(78):48.

Subash kumar Gupta AS. Propriedades medicinais do Zingiber officinale Roscoe - Uma revisão. Jornal IOSR de Farmácia e Ciências Biológicas. Set -Out. 2014;Volume 9(Issue 5 Ver. V):124-9.

Anwar F, Latif S, Ashraf M, Gilani AH. Moringa oleifera: uma planta alimentar com múltiplos usos medicinais. Investigação em Fitoterapia: PTR. 2007;21(1):17-25.

Anwar F, Bhanger MI. Caracterização analítica do óleo de sementes de Moringa oleifera cultivado em regiões temperadas do Paquistão. Jornal de química agrícola e alimentar. 2003;51(22):6558-63.

Siddhuraju P, Becker K. Antioxidant properties of various solvent extracts of total phenolic constituents from three different agroclimatic origins of drumstick tree (Moringa oleifera Lam.) leaves. Jornal de química agrícola e alimentar. 2003;51(8):2144-55.

Ruckmani K, Kavimani S, Jayakar B, Anandan R. Anti-ulcer activity of the alkali preparation of the root and fresh leaf juice of moringa oleifera lam. Ciência antiga da vida. 1998;17(3):220-3.

Faizi S, Siddiqui BS, Saleem R, Aftab K, Shaheen F, Gilani AH. Constituintes hipotensivos das vagens de Moringa oleifera. Planta medica. 1998;64(3):225-8.

Bennett RN, Mellon FA, Foidl N, Pratt JH, Dupont MS, Perkins L, et al. Profiling glucosinolates and phenolics in vegetative and reproductive tissues of the multi-purpose trees Moringa oleifera L. (horseradish tree) and Moringa stenopetala L. Journal of agricultural and food chemistry. 2003;51(12):3546-53.

Faizi S, Siddiqui BS, Saleem R, Siddiqui S, Aftab K, Gilani AH. Isolamento e elucidação da estrutura de novos nitrilos e glicosídeos de óleo de mostarda de Moringa oleifera e seu efeito sobre a pressão arterial. Jornal de produtos naturais. 1994;57(9):1256-61.

Guevara AP, Vargas C, Sakurai H, Fujiwara Y, Hashimoto K, Maoka T, et al. Um promotor antitumoral de Moringa oleifera Lam. Mutation research. 1999;440(2):181-8.

Tsaknis J, Lalas S, Gergis V, Dourtoglou V, Spiliotis V. Caracterização do óleo de sementes de Moringa oleifera variedade Mbololo do Quénia. Jornal de química agrícola e alimentar. 1999;47(11):4495-9.

Faizi S, Siddiqui BS, Saleem R, Siddiqui S, Aftab K, Gilani AH. Carbamato totalmente acetilado e glicosídeos de tiocarbamato hipotensivos de Moringa oleifera. Phytochemistry. 1995;38(4):957-63.

Caceres A, Saravia A, Rizzo S, Zabala L, De Leon E, Nave F. Propriedades farmacológicas da Moringa oleifera. 2: Rastreio da atividade antiespasmódica, anti-inflamatória e diurética. Jornal de etnofarmacologia. 1992;36(3):233-7.

Ghasi S, Nwobodo E, Ofili JO. Efeitos hipocolesterolémicos do extrato bruto da folha de Moringa oleifera Lam em ratos wistar alimentados com dieta rica em gordura. Jornal de etnofarmacologia. 2000;69(1):21-5.

Mehta K, Balaraman R, Amin AH, Bafna PA, Gulati OD. Efeito dos frutos de Moringa oleifera no perfil lipídico de coelhos normais e hipercolesterolémicos. Journal of ethnopharmacology. 2003;86(2-3):191-5.

Pal SK, Mukherjee PK, Saha K, Pal M, Saha BP. Ação antimicrobiana do extrato de folhas de moringa oleifera lam. Ciência antiga da vida. 1995;14(3):197-9.

Rao AV, Devi PU, Kamath R. Efeito radioprotector in vivo das folhas de Moringa oleifera. Jornal indiano de biologia experimental. 2001;39(9):858-63.

Das BR, Kurup PA, Narasimha Rao PL, Ramaswamy AS. Princípio antibiótico de Moringa pterygosperma. VIII. Algumas propriedades farmacológicas e ação in vivo da pterygospermin e compostos relacionados. O jornal indiano de investigação médica. 1957;45(2):197-206.

Eilert U, Wolters B, Nahrstedt A. O princípio antibiótico das sementes de Moringa oleifera e Moringa stenopetala. Planta medica. 1981;42(1):55-61.

Caceres A, Cabrera O, Morales O, Mollinedo P, Mendia P. Propriedades farmacológicas da Moringa oleifera. 1: Rastreio preliminar da atividade antimicrobiana. Jornal de etnofarmacologia. 1991;33(3):213-6.

Rahman MM, Rahman MM, Akhter S, Jamal MA, Pandeya DR, Haque MA, et al. Controlo de bactérias coliformes detectadas em pacientes associados a diarreia por extractos de Moringa oleifera. Jornal da Faculdade de Medicina do Nepal: NMCJ. 2010;12(1):12-9.

Viera GH, Mourao JA, Angelo AM, Costa RA, Vieira RH. Efeito antibacteriano (in vitro) de Moringa oleifera e Annona muricata contra bactérias Gram positivas e Gram negativas. Revista do Instituto de Medicina Tropical de São Paulo. 2010;52(3):129-32.

Bharali R, Tabassum J, Azad MR. Efeito quimiomodulador da Moringa oleifera, Lam, sobre as enzimas hepáticas metabolizadoras de carcinogéneos, parâmetros antioxidantes e papilomagénese cutânea em ratos. Jornal do Pacífico Asiático de prevenção do cancro: APJCP. 2003;4(2):131-9.

Murakami A, Kitazono Y, Jiwajinda S, Koshimizu K, Ohigashi H. A niaziminina, um tiocarbamato das folhas de Moringa oleifera, possui um requisito estrutural rigoroso para a inibição da ativação do vírus Epstein-Barr induzida pelo promotor de tumores. Planta Medica. 1998;64(4):319-23.

Tahiliani P, Kar A. Role of Moringa oleifera leaf extract in the regulation of thyroid hormone status in adult male and female rats. Investigação farmacológica. 2000;41(3):319-23.

Kalogo Y, Rosillon F, Hammes F, Verstraete W. Efeito de um extrato aquoso de sementes de Moringa oleifera na diversidade de espécies microbianas hidrolíticas de um reator UASB que trata águas residuais domésticas. Cartas em microbiologia aplicada. 2000;31(3):259-64.

Gassenschmidt U, Jany KD, Tauscher B, Niebergall H. Isolamento e caraterização de uma proteína floculante de Moringa oleifera Lam. Biochimica et biophysica ata. 1995;1243(3):477-81.

Madsen M, Schlundt J, Omer EF. Efeito da coagulação da água por sementes de Moringa oleifera nas concentrações bacterianas. The Journal of tropical medicine and hygiene. 1987;90(3):101-9.

Sharma P, Kumari P, Srivastava MM, Srivastava S. Removal of cadmium from aqueous system by shelled Moringa oleifera Lam. seed powder. Bioresource technology. 2006;97(2):299-305.

Govindarajan VS. Gengibre - química, tecnologia e avaliação da qualidade: parte 1. Revisões críticas em ciência alimentar e nutrição. 1982;17(1):1-96.

Ali BH, Blunden G, Tanira MO, Nemmar A. Algumas propriedades fitoquímicas, farmacológicas e toxicológicas do gengibre (Zingiber officinale Roscoe): uma revisão da investigação recente. Food and chemical toxicology : uma revista internacional publicada para a British Industrial Biological Research Association. 2008;46(2):409-20.

Yamahara J, Huang QR, Li YH, Xu L, Fujimura H. Efeito de melhoria da motilidade gastrointestinal do gengibre e dos seus constituintes activos. Boletim químico e farmacêutico. 1990;38(2):430-1.

Stewart JJ, Wood MJ, Wood CD, Mims ME. Effects of ginger on motion sickness susceptibility and gastric function (Efeitos do gengibre na suscetibilidade ao enjoo e na função gástrica). Pharmacology. 1991;42(2):111-20.

Mowrey DB, Clayson DE. Enjoo de movimento, gengibre e psicofísica. Lancet. 1982;1(8273):655-7.

Akhani SP, Vishwakarma SL, Goyal RK. Atividade antidiabética de Zingiber officinale em ratos diabéticos de tipo I induzidos por estreptozotocina. O Jornal de farmácia e farmacologia. 2004;56(1):101-5.

Koshimizu K, Ohigashi H, Tokuda H, Kondo A, Yamaguchi K. Rastreio de plantas comestíveis contra uma possível atividade promotora de tumores. Cancer letters. 1988;39(3):247-57.

Katiyar SK, Agarwal R, Mukhtar H. Inibição da promoção do tumor na pele do rato

SENCAR pelo extrato de etanol do rizoma de Zingiber officinale. Investigação sobre o cancro. 1996;56(5):1023-30.

Nagasawa H, Watanabe K, Inatomi H. Efeitos do melão amargo (Momordica charantia l.) ou do rizoma de gengibre (Zingiber offifinale rosc) na tumorigénese mamária espontânea em ratos SHN. O jornal americano de medicina chinesa. 2002;30(2-3):195-205.

Carrasco FR, Schmidt G, Romero AL, Sartoretto JL, Caparroz-Assef SM, Bersani-Amado CA, et al. Atividade imunomoduladora dos óleos essenciais de Zingiber officinale Roscoe, Salvia officinalis L. e Syzygium aromaticum L.: evidência de respostas mediadas pelo humor e pelas células. The Journal of pharmacy and pharmacology. 2009;61(7):961-7.

Gupta S, Ravishankar S. A comparison of the antimicrobial activity of garlic, ginger, carrot, and turmeric pastes against Escherichia coli O157:H7 in laboratory buffer and ground beef. Foodborne pathogens and disease. 2005;2(4):330-40.

Gaus K, Huang Y, Israel DA, Pendland SL, Adeniyi BA, Mahady GB. O extrato normalizado de gengibre (Zingiber officinale) reduz a carga bacteriana e suprime a inflamação aguda e crónica em gerbos da Mongólia infectados com cagAHelicobacter pylori. Biologia Farmacêutica. 2009;47(1):92-8.

Mahady GB, Pendland SL, Yun GS, Lu ZZ, Stoia A. O gengibre (Zingiber officinale Roscoe) e os gingeróis inibem o crescimento de estirpes Cag A+ de Helicobacter pylori. Anticancer research. 2003;23(5A):3699-702.

Flores M, e D. Welch. Clinical microbiology procedures handbook (Manual de procedimentos de microbiologia clínica). H.D.Isenber ed. Washington, D.C.: Sociedade Americana de Microbiologia; 1992.

Ellner P. P. SCJ, Drakeford E. e Vasi F. Am J Clin Pathol. 1996:45:502.

P F. Br J Exp Pathol. 1920:1:129.

P F. Br J Exp Pathol. 1921;2:16.

V CKCaDG. J Clin Microbiol. 1983:17:1163.

Christensen.W.B.JBacteriol.1946;52:461-6.

Printed by Books on Demand GmbH, Norderstedt / Germany